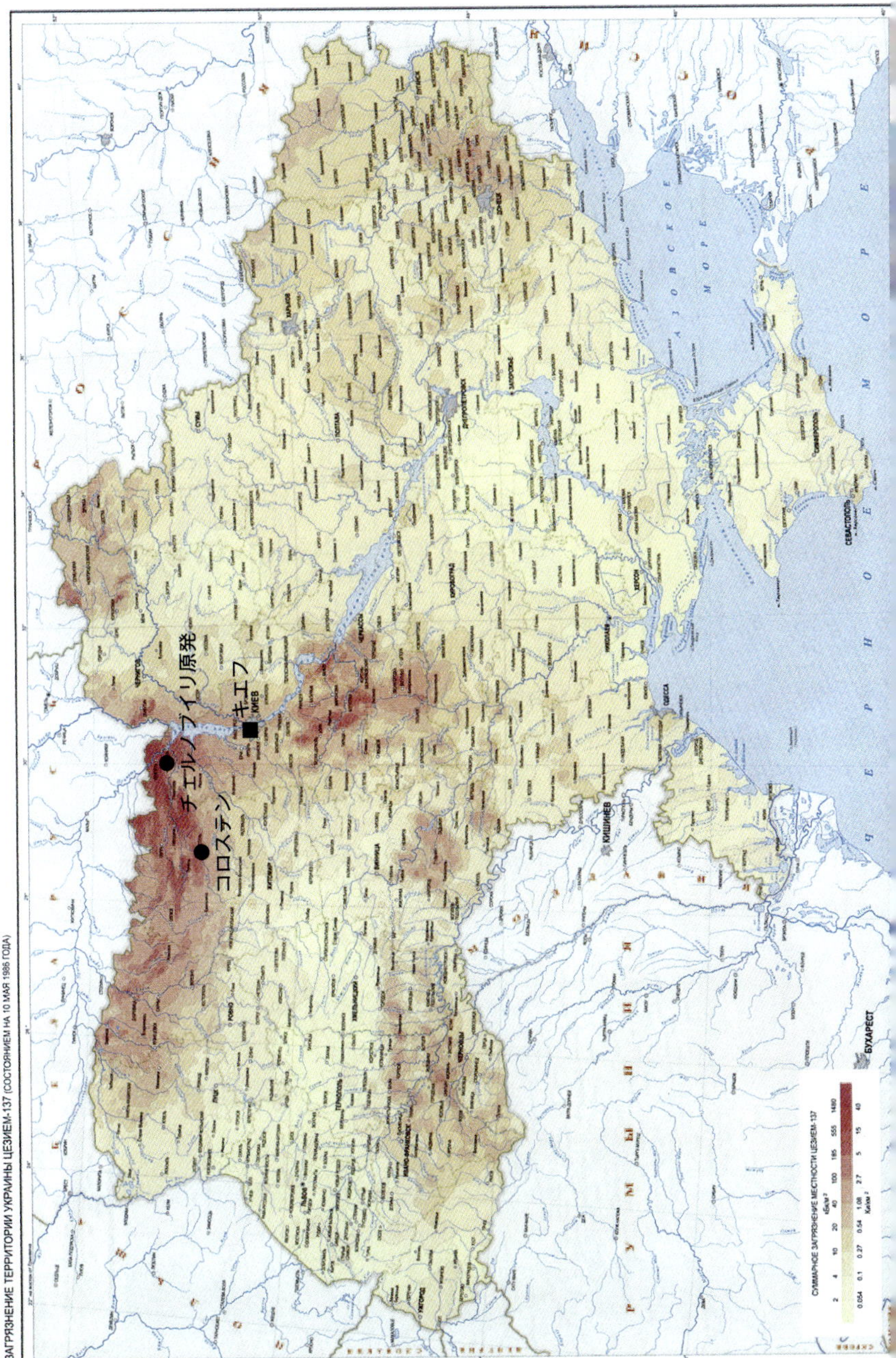

口絵1　セシウム137による汚染（1986年5月10日時点）　出所：ウクライナ政府報告書（2011年）

口絵2　避難指示区域
出所：内閣府原子力被災者生活支援チーム「避難指示区域の見直しについて」平成25年10月

A：自主的避難等対象区域　B：避難等対象区域

口絵3　賠償における自主的避難等対象地域
出所：東京電力株式会社「自主的避難等に係る損害に対する賠償の開始について」（別紙）平成24年2月28日

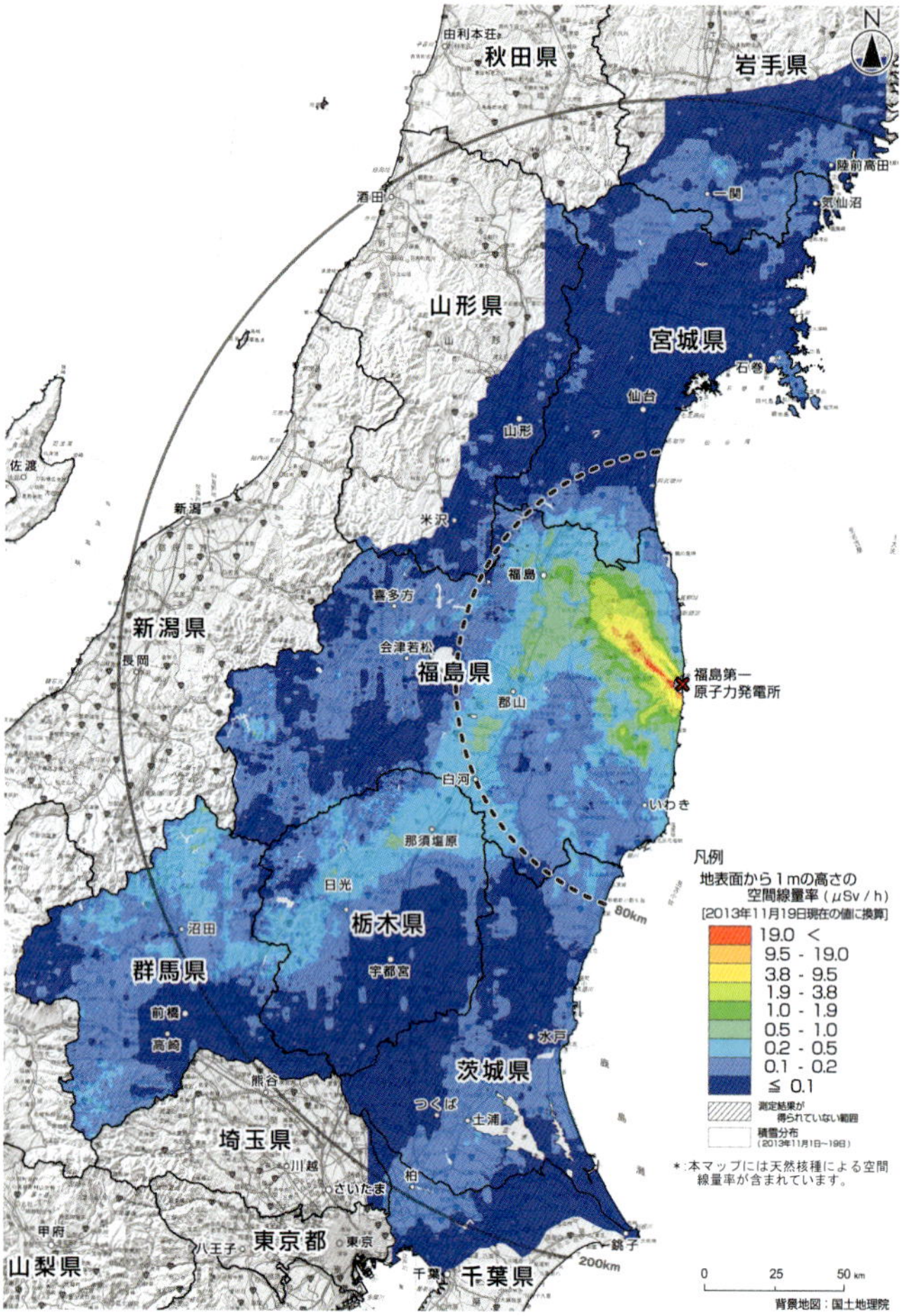

口絵4　「福島県及びその近隣県における空間線量率マップ」
（平成25 年11 月19 日時点）
出所：原子力規制委員会

原発事故 国家はどう責任を負ったか

ウクライナとチェルノブイリ法

馬場朝子／尾松亮

東洋書店新社

はじめに

2013～14年にかけて、NHK　ETV特集「原発事故　国家はどう補償したのか――チェルノブイリ法23年の軌跡」（2014年8月23日放送）の取材で筆者（馬場）はウクライナを訪れた。当時日本では、福島原発事故の被災者補償をどのようにするのかの論議が盛んに行われていた。

現在、世界で唯一存在する原発事故被災者補償に関する法律が、チェルノブイリ事故の被災者に対する、いわゆるチェルノブイリ法である。

ウクライナはチェルノブイリ事故当時、社会主義国ソ連の一共和国であり、国家体制や人々の価値観、民族性など日本とは異なる点も多い。しかし、根本的な問題――誰がどのように原発事故被災者を守っていけば良いのかという問題については同じである。

取材では、チェルノブイリ法がどのように制定されたのか、その詳しい過程を聞きたいと関係者を訪ね歩いた。そして法律制定後20年以上にわたってどのように運用、実施されてきたのかを調査した。

取材を通して明らかになったのは、法律制定までの関係者たちの被災者救助への熱い思いと立ちはだかった壁の大きさ、そしてようやく制定されたチェルノブイリ法が辿った苦難の歴史であった。本書は時間の制約のある番組では伝えきれなかった多くの証言者たちの生の声をまとめたものである。

同時に、チェルノブイリ法の体系や被災者に対する補償の制度についても解説した。チェルノブイリ法が、どんな工夫を盛り込んでいるのか、条文に立法者たちの思いがどのように反映されているのか、そんな観点からこの法律の紹介に努めた。

日本における被災者支援制度の問題点についても、チェルノブイリ法との比較から検討を試みた。福島第一原発事故から5年を迎える今、チェルノブイリ原発事故5年後に成立した「チェルノブイリ法」は、私たち自身の現状理解のためにも重要な視点を与えてくれる。

関係者の話を聞く中で、原発事故の被害、影響がいかに広範囲に、そして何十年もの長い間人々を苦しめ続けるのかという事実に愕然とした。ウクライナ国家は、事故後30年、その被害に向き合い悪戦苦闘してきた。それは今も続いている。

チェルノブイリ法は、法律という形で原発事故対応への国家の覚悟を形にしたものである。日本は今後どのように福島原発事故による被害と対峙していくのか。チェルノブイリ法の中から私たちが学べることは多い。

本書は7章からなり、1、3、5、6章を馬場、2、4、7章をチェルノブイリ法による被災者保護制度の研究者である尾松が担当した。馬場はウクライナでの現地取材に基づく見聞やインタビューをまとめ、尾松はおもに法制度や社会制度の解説をした。専門を異にするわれわれの文章を交互に並べたことで、読みづらいとお感じになるかもしれないが、各々の文章は互いに補い合う内容となっている。もちろんどちらかの著者の担当分だけをまとめてお読みいただいてもかまわない。

なお、本書に登場する人名や地名は、ロシア語読みを原則として使用している。

目次

原発事故　国家はどう責任を負ったか

ウクライナとチェルノブイリ法

第1章

今も被災者を支えるチェルノブイリ法

1　ウクライナへ

チェルノブイリ犠牲者慰霊式典

２０１４年４月26日、ウクライナの首都キエフは快晴だった。４月だというのに真夏のような強烈な太陽が照りつけていた。この太陽と真っ黒なねっとりした黒土が豊かな実りを生み出し、かつてウクライナは、ヨーロッパの穀倉地帯と呼ばれるほど恵まれた国だった。

その地を1986年、チェルノブイリ原発事故が襲った。被災者はウクライナ政府統計では、2014年時点で213万人に及ぶ。キエフ市内にはチェルノブイリ犠牲者慰霊碑が建てられ、毎年4月26日には慰霊式典が執り行われる。

朝10時、慰霊碑の周りにはすでに数百人の人々が集まっていた。楽隊や礼砲を撃つ兵士たち、国会議員、そして彼らを取り囲むようにチェルノブイリ事故の被災者たちが幾重にも輪を作っていた。

チェルノブイリ事故が起きて28年が経過していた。被災者の多くが50代以上である。年に一度この場に集まり犠牲者を悼み、そしてお互いの消息を確認しあうという。私たち取材班はまず集まった被災者にマイクを向けた。

「私は今日ここに来ましたが、知っている人に会えませんでした。私はチェルノブイリに事故当日からいた原発作業員です。今日は知人に会えないかと期待してここに来ましたが、誰かが死んだという話ばかりです。あの人が亡くなった、この人も亡くなったと。私たち全員にとってこの日はとても辛く、苦しい日なのです」

「私の娘は事故当時13歳でした。子どもたちは何も知らず走り回り、燃える原子炉を見ていました。そうなのです、皆面白がっていたのです。35歳の時、彼女は死にました。そして今、孫は18歳になるのですが、これからどうやって生きていくか、どうやって社会人にすればいいか、どう教育すればよいか私にはわかりません。これは大問題ですが、誰も関心を持ってはくれません。私たちの多くはすでに夫を埋葬しました。男たちはいなくなりました。そして私たちもみんな病気を抱えているのです」

ある女性は私たちを見つけると、セーターの裾を引っ張り上げ、手術の跡を見てくれと訴えた。がんだという。女性は放射能のせいだといった。その証明はできないが、女性の切羽詰まった表情に、自分たちを襲った災害への行き場のない怒りが込められていた。

被災者たちは、私たちが日本から来たと知ると、口々に福島への心配を語ってくれた。

「私たちはこの国では、忘れられている存在よ。フクシマは国から助けてもらっているかしら。日本のあなたたちのことを心配しているわ。昔の自分たちを思い出してしまうの」

「私たちは夫や子どもたちを埋葬しています。そしてあなた方にもこのような過酷な運命があるのではと、辛い思いをしています。フクシマは私たちの苦い経験から学んでください。私は、あなたたちと常にともにあります。人間は核を、これと闘うのがいかに難しいかということを考えずに生み出してしまいました。母親、そして女性である私たちが、自分たちの子どもたちを守らなければならないと思っています」

被災者を守る「チェルノブイリ法」

チェルノブイリ事故被災者たちは、事故後長い間にわたって、家や仕事や健康、そして家族を失ってきた。ウクライナ政府は彼らの生活を支えるため、1991年にチェルノブイリ法を制定した。

正式名称は「ウクライナ・ソビエト社会主義共和国のチェルノブイリ大災害の結果として放射能汚

染レベルの高まった地域における住民の居住に関するコンセプト」「チェルノブイリ大災害により放射性物質で汚染された地域の法制度についてのウクライナ法」「チェルノブイリ大災害により被災した市民の法的地位と社会的保護についてのウクライナ法」の二法・一決議の総称である。

この法律には、第一に被災者の生活と健康を、世代を超えて補償し続けると記されている。世界で初めて制定された原発事故補償法。しかし、この日、被災者たちはその補償への不満と将来への不安を口にしていた。

「法律はありますが、完全には効力を発揮していないのです。チェルノブイリ被災者向けの資金はないという政府のいいわけばかりです。そのため私たちはいつも苦しむことになってしまいます」

「チェルノブイリの補償がなくなったら大変です。私たちはそれがなくなったら生きていけません。私のような年金生活者は補償金だけが頼りなのです」

「補償金は今まで払われていたものは、どうにか続いているけれど、ロシアと戦うようになって、これからどうなっていくか不安だわ」

私たちがウクライナを取材した2014年春、ウクライナは大きな悲劇の真っただ中にあった。

2013年の暮れからウクライナで始まったEUへの加盟を求める反政府運動は、2月にはキエフの中心にある独立広場で100人以上が命を落とす銃撃戦へと発展、当時のヤヌコビッチ大統領はロシアへ逃亡した。そして、5月の新しい大統領選へ向けての選挙戦が始まっていた。同時にウクライナからの分離独立を目指す東南部の地域では行政府が独立派に占拠され、まさに戦闘が始まろうとしていた。

4月26日、チェルノブイリ慰霊式典が行われたその日にも、キエフの中心にある独立広場には、数十のテントが張られ迷彩服姿の男たちが、臨時政府と首都を守っていた。テレビでは明日にもロシア軍が攻めてくるというニュースや戦費募金のCMが頻繁に流されていた。戦争はすぐそこに迫り、人々は不安を募らせていた。

国の土台が揺らぐ中で、チェルノブイリ事故の被災者たちは果たして守られるのであろうか。私たちはチェルノブイリ被災者の補償を担当するウクライナ社会保護省を訪れた。セルゲイ・ポドロージヌイ局長が私たちの質問に答えてくれた。

「国家はチェルノブイリ被災者に対する社会的保護が減らされないように、そして1991年にこの法律が採択された時に与えられた権利が縮小されないように、あらゆることをおこなっています。予算は計画通り実行されています。およそで26億グリブナが国家予算から供出されています。

昨年度との差はわずかです。2012年は25億2000万グリブナ、2011年度は24億6400万グリブナです。おわかりのように差は少ないです。2014年度も増えているわけです。国がかなり困難な状況にあるにもかかわらずですが、2015年度予算については今提案を出そうとしています。金額は前年度より少なくなることはありません。増えます。その必要性があるからです。

現在わが国では、戦闘にお金が使われています。しかし私たちの被災者は、きちんと受け取っています。汚染されていない食品についての補償金は停滞はありましたが、半月遅れただけです。その後

は順調です」（2014年8月1日現在1グリブナ＝8・26円）

国の基盤が揺らぐ状況の中で、チェルノブイリ法に予算が支給されているということ自体に私たちは驚いた。しかしポドロージヌイさんの自信に満ちた言葉と、被災者たちの不満、これはどういうことなのだろうか。

ウクライナは1991年のチェルノブイリ法成立後、何度も国家存亡の危機に見舞われてきた。1991年に起きたソビエト連邦崩壊とウクライナの独立、1990年代後半の経済危機、2004年のオレンジ革命、そして2014年に始まった戦闘。次々と国家を揺るがす大波をチェルノブイリ法は乗り越え存続してきた。人々は、どのようにこの法律を制定し、守ってきたのか。もしくは守られていないのか。

私たちはそれを知るためにチェルノブイリ原発から南西110キロにあるジトーミル州コロステン市を訪れることにした。

2 チェルノブイリ法と被災地——コロステン市の人々

被災者への補償のしくみ——社会保護局長エシンさん

コロステン市を訪れるのは二回目。前回は原発事故による健康被害をこの町で取材した。多くの市民が健康被害を訴え、学校の子どもたちの80%近くが慢性疾患を抱えるという事実に衝撃を受けた。すべてが放射能による疾患であるとの証明はまだされていないが、地元の医師たちはその影響を否定できないと言っていた。

一年ぶりに訪れた町は何も変わっていなかった。ただ町の中心にあったレーニン像は消えていた。ロシアに対する敵意はこの小さな町にも及んでいた。私たちは、まず被災者の住民補償を担当している市の社会保護局を訪ねた。

社会保護局は大勢の人たちでごった返していた。ここで人々はチェルノブイリ補償だけではなく、すべての社会保障を受け取ることになっている。コロステン市の人口は6万2000人、そのうち5万8000人がチェルノブイリ被災者として登録されている。

保護局局長のイーゴリ・エシンさんは、日本の参考になればと、自ら保護局内の案内役を買って出てくれた。30代とまだ若い。市長に見込まれ、住民のほとんどが被災者であるコロステン市で重要なポストに大抜擢されたという。

まず案内されたのは登録者カードが保管されている倉庫だった。一人一人の被災者について10ページほどの記述がある。出身や履歴、健康診断記録である。これをもとに各人の補償が決定される。被災者証明書の交付について、エシンさんは説明してくれた。

「被災者証明書を受け取るのは簡単ではありません。所定の方法で、自分がチェルノブイリ区域に実際に居住したことがあって、爆発の発生した時点でそこにいたか、爆発後3年間居住していたか、または仕事の出張でそこに滞在していたか、などを証明しなければなりません。証明は、5つの段階でチェックされます。悪用を防ぐためです。

証明書は、私たちが発行するのではありません。私たちは必要書類一式を作成するだけで、証明書の発行はジトー

イーゴリ・エシンさん

ミル州行政府が行います。つまり、ステータス（資格）に関して非常に厳しいアプローチがとられています。申し込みの際、人々は特別な申請書を持ってきます。『居住期間について』というものです。住宅委員会が発行します。パスポートやその他の書類で、いつどこにその人が居住したか確認できます。非常に大量の証明書を私たちは発行しています。（被災者のステータスについては）居住地域のゾーンによる第1カテゴリーから第4カテゴリーまでと子どもというカテゴリーがあります。これは非常に重要な書類で、これが根拠となっています」

次に登録業務をしている部屋を訪れると、ちょうど生まれた子どもの登録に来た女性がいた。事故から28年たっても被災者登録をした両親から生まれる子どもは、被災者として認定され補償を受けることができる。補償額は、子どもの健康状態で変わってくる。

次の部屋では、被災者に年に一度支給される旅行券の申請を取り扱っていた。被災者の健康状態に応じ、海や山のサナトリウムへの旅行券が支給される。一番の人気は黒海沿岸だそうだ。

次に案内されたのは介護用具の支給をしている部屋だった。被災者が健康被害を受けた場合医療はほとんど無料であり、介護用品も支給される。部屋には義足や義手が置かれていた。担当者の話では最近一番多いのは、乳がんの増加に伴う乳房再建手術の手当てだそうだ。

最後の部屋では、光熱費や住居費の割引の計算作業が行われていた。被害の程度によってさまざまな公共料金の割引や、公共交通の無料クーポンが支給されている。このような手厚い補償についてエシンさんは、

「ウクライナ政府は、チェルノブイリ原発事故の被害者に対して支援を与え続けています。2014年の予算の金額はしっかりとはいっていません。2013年、私たちは被災者の社会保護に関する支払いのために5000万グリブナを受け取りました。チェルノブイリプログラムは正常に進んでいます。唯一の問題は住民のサナトリウム・保養所での治療のための健康増進旅行券が少ないことです。毎年2200人が保養しています。こういった人たちはクリミアやカルパチアの保養地に行くのですが、もうすぐ夏なのにこの旅行券は被災者すべてには、まだ来ていません。今のところ来ていない理由はわかりません。法律も変わっていませんし、国民のステータスも変わっていません」

エシンさんは、現在被災者たちが支給されている補償についてさらに詳しく説明した。

「健康増進のための食料補助費としてお金を支払います。これはとても少ない額で、2・10グリブナですが、人々はこのお金が支払われるのを待っています。このためにも申請書を提出しています。また、公共サービスに対する優遇措置があります。放射能によって悪くなっている歯の治療に関する支援もあります。被災者ステータスをもった新生児に対しても、支払いがおこなわれます。こういったものはすべて法律に規定されています。

被災者と認定された新生児に対しては、幼稚園入園前の3歳まで食料のための追加のお金が支払われます。私たちの市では幼稚園は無料です。学校では生徒たちに無料の給食を提供しています。1000万グリブナを供出しています。チェルノブイリの予算は、しっかりと支給されています」

チェルノブイリ法は実行されていると強調するエシンさん。しかし日々被災者たちと直接接しているエシンさんは人々の不満も十分に承知していた。

「ええ、人々は不満をたくさん抱えています。いくら拠出しても足りないのです。休暇も、食物も薬もです。もっと、もっとと住民は要求しています。でも予算が限られているので要求に応えられないのです」

移住という選択——ホダキフスキーさん一家

チェルノブイリ法では、被災地は四つのゾーンにわけられている。詳しくは次章で紹介するが、コロステン市の放射線量はチェルノブイリ法が制定された時点で、年間放射線量が1ミリシーベルトから5ミリシーベルトの地区と、1ミリシーベルト以下の地区があった。

チェルノブイリ法により線量が1ミリから5ミリの地区の住民には他の町へ移住する権利が与えられた。この町でも4000人が他の町へ移っていった。移住か残留か、住民一人一人が大きな選択を迫られたのだ。

私たちは当時移住を決めたビクトル・ホダキフスキーさんを訪ねた。ホダキフスキーさんは当時学校の教師で、法律制定後すぐに移住を決意したという。事故当時は、徴兵されてロシア極東で軍務についており、事故について知らされたのは5月5日だったという。

「私が軍から戻った時、コロステンも放射能汚染地域に入っていると感じました。ですが、当時私たちには、はっきりした線被ばくがどれほど健康に害を与えるのか、放射知識がありませんでした。コロステン市の活動の様子を見て、不安を感じ、私たちは子どもを健康回復のために別の町に短期間連れて行ったりしていました。でも当時はここで人々は生活し、働き、どこかへ移住するという計画もありませんでした。私たちは、放射能は健康には影響しないだろうと願いつつ、平穏に働いていたのです」

しかし、事故後3年たつと次第に汚染状況が公になってきた。そしてコロステン市も汚染されていることが分かった。その後チェルノブイリ法ができ、ホダキフスキーさんは、移住を決心したという。

「私にとって、具体的な行動をとるべき理由となったのは、子どもが生まれたことでした。89年2月のことです。私たちは家庭内で実際にどうすべきか考えました……私たちの体には何ともないかもしれません。ですが、子どもに

ビクトル・ホダキフスキーさん

とっては、放射線量が少なくても危ないと言われていました。89年には汚染図が作成され、さまざまな線量の境界線が設定されました。そして、私たちはシャトリシャンスカヤ通りに住んでいましたが、汚染図では線量は少ないことになっていました。ですが、チェルノブイリ法ができたとき、子どもは1歳になっていましたが、私たちは真っ先に法律を利用してコロステンから退去することにしました。ここは第3ゾーンで、自由意思による移住が保障されていましたから」

チェルノブイリ法では移住は家族単位である。家庭内での意見が一致しないと移住できない。ホダキフスキーさんの妻は夫の決定にすぐ賛成したという。

「移住の権利があり、国家が保障してくれたのです。それまでは国家の支援なく新たな場所へ移住するというような可能性はありませんでした。国家はチェルノブイリ被災者の利益を保護しました。私たちに2カ所の都市で住まいがすぐに提示されました。ノヴァヤ・カホフカの南の寮と、ジトーミル州のポペリニャンスキー地区ですが、ここには第2ゾーンからの移住者のための集落が建設され、そこには空いている住まいがありました。ですので、私たちはすぐ移住に賛成したのです。住居があり、学校、仕事が私にも妻にも保障され、私たちは91年に引っ越したのです。

移住してすぐは大変でした。もちろん、私たちは移住先の人々を誰も知りませんでしたし、移住してきた者同士で互いに支えあいました。あの当時は農業共同体のコルホーズがまだ運営されていました。そのため相互支援があったのです。私たちは皆チェルノブイリ被災地から引っ越してきたという共通の理解があり、それぞれ助け合いました」

移住を選んだ住民に対し国は雇用先を探し、住居も提供した。また引越しにかかる費用や移住によって失われる財産の補償も行われた。

ホダキフスキーさんは移住先で教師の仕事が見つかり順調に暮らしていた。しかし1990年代にウクライナを見舞った経済危機で一家は苦境に陥ってしまった。

「妻の専門は経理です。ですが私たちが移住したとき、彼女は学校の実験助手になり、5年間実験助手として働きました。その後、経済的な問題が起きて人員が削減されたのです。私はときどきロシア語を教えました。ポストが削減され、可能なところは縮小されました。若い家族が去り始めました。キエフやほかの町へ。コロステンには私たちの親戚が住んでいました。コロステンはチェルノブイリ原発事故の直後は、憂鬱で、将来的な発展がみこめませんでしたが、90年代末には原発事故から回復しはじめ、労働力が必要となりました。そのため、私たちは戻ることを決めました」

ホダキフスキーさん一家はコロステン市に戻り、現在は市役所で秘書の仕事をしている。成長した子どもたちもコロステン市で仕事を見つけた。現在この町で暮らすことに不安はないという。

残留という選択――パシンスカヤさん一家

コロステン市では、多くの住民が残留を望んだ。この町に住み続けることを選択したパシンスカヤさん一家を訪ねた。パシンスカヤさんの家は町のはずれの住宅街にある5階建てのアパートの1階の3DKである。夫のセルゲイさん、妻のエレーナさんと2人の娘、看護婦のナターシャさんと警察学校に通うガーリャさんの4人暮らしである。

1986年4月26日、チェルノブイリ事故が起こったとき妻のエレーナさんは20歳、結婚前だった。

「4月30日頃、テレビでは何も報道されなかったのですが、チェルノブイリで事故が起きたらしいという噂は立っていました。でも、私たちはまだ意識していなかったのです。わからなかったのです。放射線というものが何なのか、どれほど害を及ぼすものなのか。

5月1日はメーデーのデモ行進が行われていました。警察官はチェルノブイリに駆り出されて、事故の収拾作業にあたっていました。しかし、デモ行進は実施しなくてはいけないので、私たち住民が集められてデモの警備をさせられたのです。あの日は、日差しがとても強かったわ。ちょうど今日のお日様のように。本当は、身を隠さなければいけなかったのに、私たちは誰もそんなことは知りませんで

パシンスカヤさん一家（左からナターシャさん、セルゲイさん、エレーナさん）

した。それで私たちは被ばくしてしまったのだと思います」

事故から4年後、ようやくコロステン市では総合的な住民検診が始まった。その検査でエレーナさんには甲状腺の異常が見つかった。以来毎年検査を欠かさない。幸い甲状腺のしこりは大きくならず手術はしていない。

しかし数年前から体調が悪化し、ずっと続けてきた料理人の仕事を辞め入退院を繰り返している。放射能への不安とともに生活してきたエレーナさんにとって、事故後5年目に制定されたチェルノブイリ法は本当にうれしかったという。

「私たちはチェルノブイリ事故の被災者と認められ、いろいろな特権が与えられました。安全な食料を買う費用の支給、給料の上乗せ、休暇の追加、年金受給の前倒しなどです。移住する権利ももらえました。あの時は、私たちは国から見捨てられていないと感じました。本当にそれはうれしかったですよ」

移住に関しては夫と真剣に悩んだという。事故後生まれた娘は3歳になったばかりだった。

「両親はもう私たちは長くないからこの町に住み続けたい、でもあなたたちは若いのだから移住しなさいと言いました。でも両親を置いてどこにも行きたくはありませんでした。私たちがいなくなったら誰が彼らの面倒を見るのでしょう。だから残ることにしたのです」

隣で妻の話を聞いていた夫のセルゲイさんが続けた。

「移住先の様子も伝わってきました。私たちを歓迎しているわけではないというわけです。もちろん少し同情はしてくれるでしょうがそれだけです。実際には受け入れたくないのです。たとえばハリコフなどに数十人単位で移住した人たちは、集団ですから自分たちの利益を守ることができましたが、数家族では力になりません。孤立してしまいます。コロステンではみんながお互いを知っています。何かあればいつでも支えあってきました。この生まれ育った町から何も知らない土地へ行くのはそんな簡単なことではないのです」

移住先では、その地域の住民のために建設していた住宅が被災者用に回されたりすることへの不満や、放射能への知識がないことからくる差別など、さまざまな困難が生じたという。そんな中でコロステンから他の町へ移住していった人たちの一部が、数年たって戻ってくることも少なくなかった。その際、また新たな問題が発生すると、エレーナさんは知人の女性の話を紹介してくれた。

「多くの家族が崩壊してしまったのですよ。私の友人は家族でメルトポリという町に移住して暮らしていました。でも夫は結局仕事がうまくいかずコロステンに戻ると言ったのですが、彼女はせっかく作り上げた新しい生活基盤を壊したくないと残ることを望んで、結局夫がひとり戻ってきました」

原発事故の恐ろしさは、その影響が広範囲に長い間続くというものだ。人々は生活の根幹を揺すぶられる。長年住み慣れた土地を離れ、他の土地で生活を始めるのはたやすいことではない。残ることも、去ることも、いずれを選んでも大きな困難と苦労を伴っている。そのような選択を迫られる状況に人々を追い込むこと自体が、原発事故のもつ大きな罪である。

被災地に残ることを決めた人たちが受け取る補償については次章で詳しく述べるが、今パシンスカヤさん一家が受け取っているチェルノブイリ法による補償は、おおよそ次のようなものである。

第一に生活の保障として毎月給料の1割の上乗せ、年金の早期受け取り、電気やガス代、家賃の割引、公共交通機関の無料券などがある。

第二に健康を守る措置として無料の毎年の検診、無料の医薬品提供、放射性物質で汚染されていない食料の購入援助金、有給休暇の追加、サナトリウムへの旅行券などが支給される。

さらに被災者への優遇措置として大学への優先入学制度や無料の学校給食などがある。

チェルノブイリ補償というものは、ただ一定の補償金を支給するということではなく、人々の生活のさまざまな側面を手助けするものだ。被災者があらゆる面で、自分は国家に補償されていると感じることがまず重要なのだ。平穏に家族仲むつまじく暮らしているかに見えるパシンスカヤ家でも、エレーナさんは近年体調が悪く入院を繰り返し、2人の娘も病気を抱えている。夫も定職がなくキエフに出稼ぎに行き、どうにか家族を支えている。

チェルノブイリ補償は、被災者にとって最低限の生活を維持していくのに必要不可欠なものになっている。


（馬場）

第2章

事故の被害とチェルノブイリ法のしくみ

チェルノブイリ事故の被災者にとってなくてはならないものだという「チェルノブイリ法」はどのような法律なのだろうか。被災者に補償をする、と言っても、誰が被災者で、どんな補償を用意するか、一つ一つ決めていかなくてはならない。事故による被害は巨大で、被災者は多岐に及ぶ。その補償を行うチェルノブイリ法のしくみは複雑だが、わかりやすく整理して解説したい。

また、補償のしくみを説明する前に、チェルノブイリ原発の事故がどのような被害をもたらしたのか見ておこう。

1　チェルノブイリ原発事故によるウクライナの被害

チェルノブイリ原発事故が起きたのは1986年4月26日1時24分頃。チェルノブイリ原子力発電所は、ソ連邦ウクライナ共和国（当時）キエフ州北部にある。隣接するプリピャチ市から約3キロメートル。この発電所の4号炉で爆発が起こった。

プリピャチ市の人口は当時約5万人。工場や通常の発電所の事故であれば、「プリピャチ」という一つの町の事故ということで収まったかもしれない。

しかしこの事故の影響はプリピャチ市におさまらなかった。プリピャチ市があるキエフ州の範囲をさらに大きく超えて広がった。ひとたび原子力発電所で大規模な事故が起きれば、放射性物質は風や雨により運ばれ、国境を越えて広がる。

チェルノブイリ原発4号炉の惨状

「〇〇州の事故」「〇〇県の悲劇」というとらえ方では、とても事故被害の実態はつかめない。

放射性物質の拡散

放射性物質は極めて広い範囲に拡散した。最も大きな被害を受けたのは、当時のソビエト連邦ウクライナ、ベラルーシ、ロシアの三共和国。この三共和国合わせて、セシウム137で3万7000ベクレル/平方メートル以上の汚染を受けた地域は約14万5000平方キロに広がる（口絵1参照）。

さらに被害はソビエト連邦の外へも広がった。ロシア、ウクライナ、ベラルーシを含めヨーロッパ17カ国で、合計約20万7500平方キロの土地が同レベルを超える汚染を受けた。

もちろん、原発立地国であるウクライナの被害は大きい。国内で広大な地域が汚染された。セシウム137の半減期は30年であり、時間の経過とともに事故当時よりも汚染レベルは低減している。しかし2011年時点（事故から25年後）でも、土壌汚染レベルが1万ベクレル/平方メートルを超える地域が、約10万6200平方キロに広がる。

そのうち1100平方キロ以上（東京都の面積の約半分）の地域で、セシウム137の汚染レベルが、移住が義務付けられる55万5000ベクレル/平方メートルを超えている。

事故後の風向きや雨の影響で、特に被害の大きかったのが、「ポレシエ」と呼ばれる地域である。ポレシエはウクライナの北部、複数の州にまたがり、コロステン市のあるジトーミル州の一部も含まれる。

表2-1　チェルノブイリ原子力発電所事故により2015年までにウクライナが被る間接的損害の内訳

損失の項目	金額　（ドル）
使用できなくなった農地、森林、水資源	683億7000万
生産できなかった電力分	280億5000万
既存原子力発電施設の増強停止	673億2000万
全体	1637億4000万

出所：ウクライナ政府報告書（2011年）201頁

経済的損害——住宅、施設、農地への被害

原発周辺30キロ圏からは、住民の強制避難が行われた。このエリアは、事故後約30年が経過した今でも、許可なく立ち入ることは禁止されている。

この30キロ圏からだけでも、約10万人の住民が避難を余儀なくされた。

立ち入り禁止区域では土地が使用できなくなる。公共施設や住宅も当然使用不可能となった。この直接の損失額だけでも13億3900万ドルと計算されている。

ソ連財務省のデータによれば、1986〜89年の期間で、チェルノブイリ原発事故に関連した直接の損害・支出額は126億ドル（当時のレートでの換算）に上る。

また立ち入り禁止区域外でも、汚染度の高い地域では農地の使用が禁止された。土壌汚染度が55万5000ベクレル／平方メートルを超える地域では農業生産が禁止される。それ以下の地域でも農業

の一部制限がある。比較的汚染度が低く、農業を続けることのできた地域でも、除染等で、追加のコストがかかっている。

このように農地や施設が使用できなくなったことでの機会損失もある。この「得られたはずの」利益を含めれば損失額は更にふくらむ。2015年までの期間で、これら間接的な損害額は1637億4000万ドル（1986年時のレートでの換算）に達するとされている。

健康被害――子どもの甲状腺がんだけではない？

原子力発電所事故は、人体にも影響を与える。事故処理作業者や、汚染地域に暮らす人々のなかで、健康の悪化を訴える人々は多い。チェルノブイリ事故による健康被害の実態については、事故から約30年経過した現在もなお、確定した結論は出ていない。

IAEA（国際原子力機関）やWHO（世界保健機関）等の国際機関は、一部の事故処理作業者に急性放射線障害が生じたことを認めている。また幼い頃に被ばくした人々に甲状腺がんが増加したことを認めている。

逆に言えばそれ以外の被害についてほとんど認めていない。

幼少期又は思春期に放射性ヨウ素による被ばくを受けた人々や高線量被ばくを受けた緊急・復

旧作業員の、放射線による健康被害リスクは高まったが、大多数の住民はチェルノブイリ原発事故による深刻な健康被害を心配する必要はない。（UNSCEAR 2008 REPORT Vol. 2　65頁。原子放射線の影響に関する国連科学委員会（United Nations Scientific Committee on the Effects of Atomic Radiation）によるチェルノブイリ原発事故被害に関するレポート）

一方で、被災国ウクライナは、放射線による健康影響について異なる見解を示した。「成人の甲状腺がん増加」「がん以外の疾病の増加」「遺伝的影響」などを認めているのだ。

事故処理作業者ではない大人たち（避難者）でも、被ばくにより「がん以外」の病気を発症しているという。「0・3グレイ以上2・0グレイ未満の甲状腺被ばくのケースで、虚血性心臓病、大脳血管症などの血液循環器系疾患、筋骨格疾患と被ばく量との間に確実な因果関係が示されている」（ウクライナ政府報告書2011　168頁。アルファ線では1グレイ＝20シーベルト、ベータ線とガンマ線では1グレイ＝1シーベルトと換算できる。）

この見解は、被災国ウクライナが20年以上蓄積したデータに基づく。「甲状腺がん以外は、ほぼ事故の影響として認めない」という考え方の見直しを迫るものである。

実際は国際機関も、健康調査を続ける必要性を認めている。特に事故処理作業者や幼くして被ばくした人々を対象に、長期の健康診断が必要であるとする。たとえばＩＡＥＡやＷＨＯ等が共同でまとめたチェルノブイリ・フォーラム報告書（２００６年）は「急性放射線症候群から回復した作業者や、他の高い被ばくを受けた作業者の治療や毎年の健診は続けなければならない。これには心血管症の定期検診も含む」（45頁）と指摘する。

調査が進むごとに、新たに被害の規模が明らかになっている。

２０００年のＵＮＳＣＥＡＲ　ＲＥＰＯＲＴでは、事故時18歳未満の人々のうち甲状腺がんが明らかになったのは１８００人より少なかった。２００６年までにこの数は６０００人以上に増加した。近年行われたいくつかの調査は、放射線が甲状腺がんを引き起こすリスクについてより一貫性のある評価を与えている。（UNSCEAR 2008 REPORT Vol. 2　65頁）

チェルノブイリ原発事故から30年近くたつ。しかし事故が健康に与える影響については、議論が続いている。今後も長期的な調査が必要なのだ。

原発事故被害の巨大さ

原子力発電所で過酷事故が起これば、被害は立地町村の範囲を超えて広がる。場合によっては国境を超える。事故を起こしたプラントだけでなく、周辺地域の住宅や公共設備、遠く離れた農地・森林まで、使用できなくなる。

経済的損失の規模は原発事業者の総資産額を簡単に上回る。間接的損失や被害補償額も含めれば、とてつもない金額だ。原発事業者が全損失を賠償するなど、明らかに不可能である。

健康への影響については、事故から数十年経っても、確定的な結論は出ていない。被災国の専門家たちは、事故被害が遺伝的影響を引き起こし、次の世代に引き継がれる可能性も指摘している。

この被害の「広域性」（一つの地域におさまらない）「長期性」（数十年・次世代に及ぶ）「未確定性」（事故の影響について確実には分からない）こそが、原発事故の特徴である。

「～町復興支援」「～県復興支援」というような地域を限定した短期的な復興支援策では、根本的な解決は図れない。

2 救済を求める声の高まり

「私たちの苦しみを公正に分かってもらえるものと信じてやってきました。チェルノブイリ原発事故後に生じた問題の解決には時間がかかるのだ、と自分に言い聞かせてきました。国の経済状況が苦しいこともわかるからこそ、デモをしたり、ストライキを起こすようなことは控えて、何はなくとも、設定されたノルマ通り、それどころかノルマ以上に働いてきたのです。でも、状況は変わらないままで4年目が終わろうとしています。われわれを気にかけてくれているようには思えません。人民代議会第二大会に向けたわれわれの請願には、返事もありませんでした」

これは事故からちょうど4年にあたる1990年4月25日、ベラルーシのチェチェルスキー地区住民が、ソ連最高会議に対して出した請願である。

30キロ圏からの避難は事故からおよそ11日で完了した。その後30キロ圏の外でもいくつかのホットスポットから追加の避難が行われた。しかし、それ以外の地域では、住民は、自分の町や村がどの程度汚染されているのか、知らされなかった。被ばくのリスクがどのようなものなのか、知るよしもなかった。

事故後3年もかかった汚染地図の公開

全国の汚染状況を多少なりとも詳しく示した地図が公開されるようになったのも、事故から3年が過ぎた頃のことである。

最初は、30キロ圏外の一部の地域についてのみ汚染状況が公開された。その後より広い範囲の汚染地図が公開され、放射性物質が、原発から数百キロ離れた地域にも拡散していることが公になった。

このように避難指示区域の外でも、汚染状況が徐々に明らかになる。当然、住民たちは放射能リスクを意識するようになった。

「1985年とくらべて、地域でがんが2倍以上増えました。がんによる死亡率も70%増加しました。

子どもの甲状腺がんや奇形のケースが生じています。地区の総罹患率が20％増え、障害者認定を受ける人々も2・8倍増えました」と、チェチェルスキー市民たちは訴える。

ウクライナでも、チェルノブイリ原発事故からの救済を求める市民の運動が活発化した。事故から約2年半後の、1988年11月にはすでに、首都キエフで大規模な環境問題集会が開かれている。

集会の参加者は環境回復のための抜本的な対策の必要性を訴え、既存原子力発電所や化学工業施設の閉鎖を求めた。危険な施設の建設や運用が、ソ連中央政府の意向で進められ、実際にリスクを押し付けられるウクライナ国民の権利が無視されている。このことに批判の声が上がった。

アーラ・ヤロシンスカヤは、隠ぺいされたチェルノブイリ問題を暴き、後に自ら人民代議員となったジャーナリストである。ヤロシンスカヤは、当

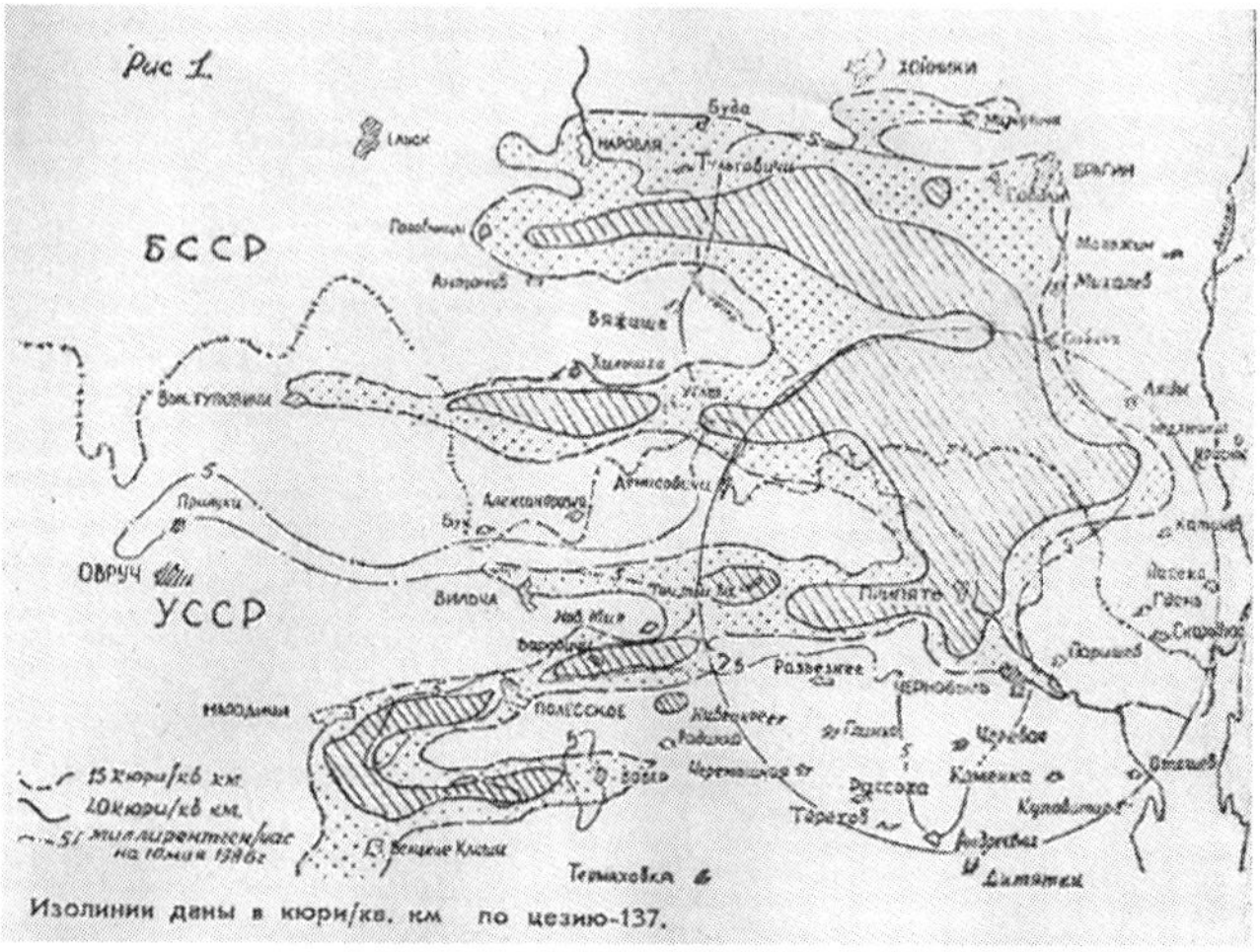

1989年に公開された汚染地図。『プラウダ』（1989年3月20日）より

時の状況を次のように語っている。

> チェルノブイリ原発事故の世界的影響、そのころには社会の変動もまた、引き返せないものとなっていた。中央政治局の長老たちですら、もうその声を押し潰すことは不可能だった。被害を受けた地域の住民たちは、国に対してますます声高に、積極的に、自らの健康問題の法的解決、汚染されていない地域への移住、物的損害の補償を求めるようになった。(『チェルノブイリ・大いなる欺瞞』２０１１年。傍線は筆者)

問題の「法的解決」が求められていた。

冒頭のチェチェルスキー地区住民の請願も、汚染されていない地域への移住支援、生涯にわたる健康診断制度の確立とともに、「被災者救済法」を求めている。

救済を求めるデモ。旗には「チェルノブイリ被災者の骨の上に経済成長を打ち立てることはできない！」とある

政府の危機感

当時のソビエト議会も、この状況に相当の危機感を持っていた。もう、情報を小出しにすることや単発の支援策では事態は収拾できない。この痛切な現状認識を、当時の決議文から読み取ることができる。

放射能汚染の被害を受けた地域の社会的・政治的状況は、極めて緊迫したものとなっている。原因は学者や専門家たちによる放射線防護に関する提案が一致しないこと、不可欠な対策の実施が遅れていること、そしてその結果として住民の一部が地方や中央の政治を信頼しなくなったことである。事故被害の状況の本格的な調査や、根拠ある対策プログラムの策定は遅れている。このことは放射能被害を受けた地域住民に当然の憤慨を引き起こしている。

これは、1990年4月25日のソビエト連邦最高会議決議の一文である。チェルノブイリ法が成立するのは1991年2月。その約1年前である。このように住民からの声が高まるなか、「法律」の必要性がいやがおうにも明らかになっていった。ここから1年未満の時間で、どのような議論を経て被災者救済法が確立されたのか、それは3章で詳しく述べることになる。

原発事故の被害を受けた地域は30キロ圏よりはるか広範囲に広がっていた。国の指示で避難した人々や事故処理作業者以外にも、多数の地域で住民たちが健康被害・健康不安を訴えている。この状況に応えて、どんな法律が創られたのだろうか。以下では、1991年に成立した「チェルノブイリ法」が「誰を」「どのように」救済する法律なのか、その内容を紹介したい。

3 「チェルノブイリ法」はどんな法律か

チェルノブイリ法は、1991年2月にソ連邦ウクライナ共和国で制定された被災者保護法である。事故後、徐々に被害の広がりが明らかになり、広い地域で住民から補償を求める声が高まった。事故から約5年を経てようやく法律ができた。短期的な支援プログラムではない。広い地域を対象に、長期にわたる被害補償を約束する本格的な被災者保護法である。

同じく1991年2月にベラルーシ共和国で、4月にはロシア共和国で、それぞれのチェルノブイリ法が成立した。この年の8月にウクライナはソ連邦からの独立を宣言、同年末にソビエト連邦は解体される。

しかし、独立したそれぞれの国でチェルノブイリ法は受け継がれた。2016年現在、チェルノブイリ法はウクライナ、ロシア、ベラルーシの三国で施行されている。

チェルノブイリ法の特徴

単純化を恐れずにいうと、「原発事故被災者保護法」としてのチェルノブイリ法の特徴は「対象の広さ」と「国家責任を明確にしていること」である。

高い放射線リスクのもとで働いた事故処理作業者、汚染地域からの避難者、汚染地域に住み続ける人々、さまざまな被害者が、「チェルノブイリ被災者」として保護される。

さらには、条件を満たせば、事故の後に生まれた次の世代の子どもたちも「被災者」と認められる。事故で被ばくした親から生まれた子どもに遺伝的影響が生じる可能性を考慮しているからだ。

また支援の対象になる地域も、原発周辺地域や立地自治体だけではない。住民の追加被ばくをできるだけ「1ミリシーベルト／年」以内に抑える原則のもと、幅広い地域を支援の対象に含めている。

そしてこれら被災者を保護し、被害を補償する責任は「国家」にあることが明確に示されている。チェルノブイリ法13条には以下の規定がある（傍線は筆者）。

> 国家は市民が受けた被害を補償する責任を引き受け、以下に規定する被害を補償しなければならない。（中略）

チェルノブイリ大災害によって被害を受けた市民およびチェルノブイリ原発事故の事故処理作業者に対する、時宜を得た健康診断、治療、被ばく量確定を行う責任もまた国家にある。

チェルノブイリ法は長期的なリスクや時間がたってから表面化する被害も念頭に置いている。数十年に及ぶ被害補償の実現を保証するためにも、この「国家責任」の原則は欠かせない。民間企業による賠償や、ボランティアの支援だけで、数十年の単位で広い層の国民の保護を約束できるものではない。

この「チェルノブイリ被害者保護の国家責任」という考え方は、後述するウクライナ憲法の条文にも引き継がれる。

なお、チェルノブイリ法では原発事故の直接の原因者としての国の責任を認めているわけではない。事故の原因は公式には原発の操業者にあるとされ、所長以下数名の原発従業員が刑事犯として処罰されている。しかし2011年のウクライナ政府報告書では、もともとの原子炉の設計に問題があったこと、国の側が規制を怠ったことも問題として指摘されている。

解説1　ウクライナの「チェルノブイリ法」は三本立て

本書では単に「チェルノブイリ法」と呼ぶが、ウクライナの「チェルノブイリ法」は主に三つの法文（正確には二つの法律と一つの最高会議決定）で成り立っている。

成立した順に見ると、まず1991年2月27日の最高会議決議（①）で住民の「追加被ばく量を1ミリシーベルト／年以下に抑える」原則が定められた。

この原則に従って、「チェルノブイリ被災地」の範囲を定めたのが、同じく1991年2月27日に成立した「汚染地域制度法」（②）である。被災地と認めるための基準（土壌汚染と被ばく量）と、被災地のカテゴリー分けが示されている。

「チェルノブイリ被災市民の法的地位および社会的保護法」（③）は、次の日（1991年2月28日）に成立している。この法律に、被災者にどんな補償・支援を行なうのか、詳しく定められている。本章で紹介するのは主にこの③「社会的保護法」のしくみである。

インタビューのなかで、「地域について（またはテリトリーについて）の法律」「ステータスについての法律」といった言い方をされることがあり、混乱するかもしれないが、これは、「チェルノブイリ法」のうちのそれぞれ②と③のことを指している。

なお、同じチェルノブイリ法でも、ロシアのものは①と③だけの二本立てである。三本立ての構造はウクライナ・チェルノブイリ法の特徴である。

三つの法文の正式名称は下記のとおり。

①1991年2月27日付ウクライナ共和国最高会議決議（N791-XII）「ウクライナ・ソビエト社会主義共和国のチェルノブイリ大災害の結果として放射能汚染レベルの高まった地域における住民の居住に関するコンセプト」

②1991年2月27日付ウクライナ法「チェルノブイリ大災害により放射性物質で汚染された地域の法制度について」

③1991年2月28日付ウクライナ法「チェルノブイリ大災害により被災した市民の法的地位と社会的保護について」

4 誰に対してどんな補償をするのか

チェルノブイリ法の特徴の一つは補償・支援対象の「広さ」である。爆発した発電所の消火活動にあたった消防員、原発30キロ圏から強制避難させられた人々、汚染地域に住む人々など、さまざまな被害者が補償の対象となる。

具体的にチェルノブイリ法が保護の対象とする「被災者」とは誰なのか。そしてその「被災者」には、どんな補償や支援が約束されているのか。

I～Vまで、被災者カテゴリー別に整理してみたい。

I 避難者たち

チェルノブイリ原発事故により、まず30キロゾーンから約10万人の住民が避難を余儀なくされた。30

キロ圏の外でも放射線量の高いホットスポットが見つかり、事故から数カ月後に追加避難が行われている。事故から数年後になってまた、汚染度の高い地域から、国の指示による住民の移住が行われた。

事故から5年後に成立したチェルノブイリ法は、追加被ばく量「5ミリシーベルト／年」を超える危険がある地域を「義務的移住ゾーン」とした。このゾーンでは住民の移住が原則義務付けられる。また、チェルノブイリ法は追加被ばく量「1ミリシーベルト／年」を超えうる地域には、「移住の権利」を認めている。コロステン市の一部も、この移住の権利の認められるゾーンとなった。

このように避難といっても、「緊急強制避難」から「自主的移住」までさまざまな形がある。これら「避難者」に共通するのは、避難・移住に際して、生活環境の大きな変化に直面したことだ。避難者は、住宅や雇用など、移住先での支援を必要とする。また多くの避難者や移住者が、避難元のコミュニティと切り離された。ただでさえ、なじみのない地域に移り住むことには困難が伴う。何の支援もなく、自己責任で放り出されれば、住む場所も、仕事も

表2-2　チェルノブイリ法が補償・支援の対象とする避難者・移住者

移住・避難の分類	対象となる市民
(A)強制避難	事故直後の緊急強制避難者およびその後の年の国の指示による移住者
(B)義務的移住	1991年以降移住が義務付けられた人々
(C)保証された自主的移住	1991年以降移住の権利が認められ、他の地域に移り住んだ人々。及びそれ以前の年に当該地域から自主避難した人々

出所：チェルノブイリ法条文をもとに尾松作成

なく、生活が行き詰まるリスクにさらされる。
チェルノブイリ法は、これら避難者たちに「住宅」「雇用」等の支援を定めている。「強制避難」か「自主的移住」かなど、避難・移住の形態によって、支援・補償内容が異なる。A~Cにわけ、整理してみたい。

解説2 「被災地」は四つの「ゾーン」に分けられる

チェルノブイリ法は1991年時点で追加被ばく量が「1ミリシーベルト／年」を超える危険性のある地域を「放射能汚染地域」と定めた。また「5ミリシーベルト／年」を超えうる地域では、住民の長期的な居住を認めない方針である。

この原則に基づいて、チェルノブイリ法では被災地を「第1ゾーン（隔離ゾーン）」から「第4ゾーン（放射線管理強化ゾーン）」までの四つに分類している。

「第1ゾーン」および「第2ゾーン（義務的移住ゾーン）」は「放射線危険ゾーン」とされ、原則、居住が認められない。

「第3ゾーン（保証された自主的移住ゾーン）」は居住が認められるが、移住を希望する場合には、移住のための支援を受けることができる（移住権）。

「第4ゾーン」は「1ミリシーベルト／年」以下の地域であり「移住権」は認められない。しかし、このゾーンの住民は健康診断や保養など、医療面を中心とした支援を受ける。また医師が必要と認める場合、妊婦や子どものいる世帯には「移住権」が認められる。

このように、「どの地域に住んでいるのか」「どの地域から避難・移住したのか」によって補償や支援の内容に差がある。

なお第4ゾーンの「0・5ミリシーベルト／年」という基準はロシアやベラルーシにはない。「0・

5ミリシーベルト」基準の採用は「1ミリシーベルト／年」原則に矛盾し、「被災地基準を緩くした」との批判もある。しかしチェルノブイリ法は事故から5年後の時点の基準である。それまでの初期被ばくが考慮されていないこと、妊婦や子どもには例外的な保護を認める必要があること等から「0・5ミリシーベルト基準」の妥当性を認める主張もある。

表2-3　チェルノブイリ法のゾーン区分

地域区分	主な区分基準	居住
1）隔離ゾーン	1986年に住民の避難が行われた地域。	不可
2）義務的移住ゾーン	土壌のセシウム137濃度15キュリー/平方キロ（55万5000ベクレル/平方メートル）以上、追加被ばく量5ミリシーベルト/年を超えうる。	不可
3）保証された自主的移住ゾーン	土壌のセシウム137濃度5キュリー/平方キロ（18万5000ベクレル/平方メートル）以上15キュリー/平方キロまで、追加被ばく量1ミリシーベルト/年を超えうる。	可
4）放射線管理強化ゾーン	土壌のセシウム137濃度1キュリー/平方キロ（3万7000ベクレル/平方メートル）以上5キュリー/平方キロまで、追加被ばく量が0・5ミリシーベルト/年を超えることを条件とする。	可

出所：チェルノブイリ法条文をもとに尾松作成

(A) 強制避難者

チェルノブイリ法成立以前の避難者支援

チェルノブイリ原発事故発生から1日半後にプリピャチ市の全住民が避難。事故から6日後（5月2日）、30キロ圏内からの全住民避難が決まった。このゾーンからの避難は5月7日にほぼ完了し、5月8日時点で避難者総数は9万9195人であった。また同年中に、30キロ圏外のホットスポットから追加で避難が実施された。

さらに、数年後に汚染が明らかになり、いくつかの地域で追加避難が決まった。たとえば事故から3年以上経って、1989年6月28日に、ウクライナ内閣は、ポレスキー地区（原発から約50キロ）の2居住地点およびナロージチ地区（同約70キロ）の12居住地点からの追加避難を決めている。

事故直後、避難者のなかには親族の家に身を寄せた人々もいた。それ以外の避難者は30キロ圏外の村落や町村が一時的に受け入れた。避難者たちは2～3日の一時避難と考えていた。しかしやがて、もとの地域には戻れないことが明らかになる。

当時10万人を超える避難者が出ることなど誰も想定していなかった。もちろんこれだけの数の避難者の支援を定めた法律もなかった。

この時期、政府は避難者のための住宅や雇用確保のために、次々と緊急対策や支援プログラムを打ち出した。30キロ圏避難の完了から約1カ月後、1986年6月5日には、ソ連共産党中央委員会は、ウクライナとベラルーシの政府に対して、避難者のための住宅確保、働く先の確保を指示している。

雇用の確保は、当時のソビエトでは比較的容易であった。当時は民間企業というものはない。職場はすべて、どこかの省庁が管轄するものであった。住民が避難で職を失った場合、各省庁が避難先の地域で増員を決めて、同様の働き口を確保することができた。

より深刻なのは住宅の確保であった。住宅の数は、地域ごとに各組織や機関の従業員の数に応じて決まっていたからだ。そこへ急に、追加で10万人以上の住宅を確保しなければならなくなった。特に冬の訪れる前に住宅を確保する必要がある。これら避難者の住宅を１９８６年10月までに確保するよう、指示が出された。

そのため、受入れ先自治体では、この年に建設が完了する住宅を、優先的に避難者に割り当てた。それまで住宅の完成を心待ちにしていた地元住民たちは後回しにされることになった。「長い間新居の完成を待っていたキエフの住民からは、避難者が入居したことで、白い目で見られた」と、キエフ市に移り住んだ避難者の一人は言っている。

30キロ圏からの避難者によれば、当時避難にあたって、ソビエト内であれば移住先を選ぶことができたという。ロシアの首都モスクワおよびサンクトペテルブルク、ウクライナの首都キエフは例外であった。首都は人気が高く、誰でも入居できるわけではない。

キエフに移り住むことができたのは、キエフの親戚宅に同居したケースを除けば、チェルノブイリ事故処理作業者とその家族だけであったという。

移り住んだ先でも、当初避難者たちは正式な住民登録ができなかった。「避難元に戻ることになるかもしれない」という期待と不安の中で、最初の2年が過ぎたという。キエフ在住の元避難者によれば、1988年には正式な住民登録ができた。同時に「30キロゾーンには帰れない」ということが分かったという。避難者たちは移住先の住民として新たな生活を始めることとなった。

チェルノブイリ法成立ではじめて、長期的支援の対象に

このように、事故後の約2年間で、30キロ圏からの避難者に対する住宅確保や就業支援はほぼ完了している。それからさらに3年後、1991年2月にチェルノブイリ法が成立した。これらの避難者にとって、何が変わったのか。

まず30キロ圏が法的に定住禁止の「隔離ゾーン」となった。これにより「帰れないこと」も法的に確定した。避難者は「帰れない地域からの避難者」（=第1ゾーンからの避難者。汚染地のゾーン分けについては、解説2を参照）という法的位置づけになった。そして、健康診断や生活上の優遇など、長期的な補償・支援が受けられるようになった。

「第1ゾーン」からの避難者に対して、チェルノブイリ法は医薬品の無料支給、健康診断・保養の無料実施、各種生活サービス上の優遇等の補償・支援を定めている。しかし、障害者認定や罹患者認定がない場合、公共交通機関は有料である。

またチェルノブイリ法のおかげでようやく、避難先の住宅が自分の「所有物」となった。チェルノ

ブイリ法は次のように定めている。「避難者および退去させられた（させられる）市民は、主にその目的で特別に建設された住宅地や、住宅、集合住宅における住居を無料で提供され、その住居は個人的所有対象となる」（32条）

避難元に置き去りになった不動産や家財、作物などの補償を受ける権利（喪失財産補償）もチェルノブイリ法ができて、ようやく認められた（35条）。

また重要なのは、チェルノブイリ法が「避難者」のなかに、「避難時に胎児であった市民」を含めたことだ。避難中に母体内で被ばくしたことが心配される子どもたちも、支援対象になった。避難した両親から後に生まれた子どもも、医療サポートの対象となる。

チェルノブイリ法がなければ、「移住まではサポートしてあとは放置」ということになったかもしれない。チェルノブイリ法によってはじめて、避難者たちは、移住先でも長期的に国の支援を受けられることになったのである。

解説3　汚染地域への「帰還」に厳しい法律――それでも帰る人々

チェルノブイリ法により30キロ圏は正式に定住のできない地域となった。また「5ミリシーベルト／年」の追加被ばく量を超えうる地域でも、原則移住が義務付けられる。これらの地域から避難・移住した人々が、許可なく元の地域に戻って住むことは認められていない。

チェルノブイリ法第5条「住民帰還の条件」は次のように定めている。

住民の帰還は、対象地域の汚染度が本法3条1項（追加被ばく量1ミリシーベルト／年以下という条件——筆者）に照らし合わせて、制限なく安全に居住できるとみなされるレベルまで下がったのちに、住民自身が望む場合にのみ実施される。住民の帰還に関する決定は、国家放射線防護委員会の結論を参考にウクライナ内閣によって採択される。

この条文に従えば「住民が望まない」「ためらっている」にもかかわらず国が帰還を促すこともない。

しかし、立ち入り禁止であるはずの「30キロ圏」にさえ、2016年現在少なからぬ「住民」がいる。居住登録がないため正確な人数は明らかではないが、150～200人とも言われている。これは1986年に避難が行われた際に、とどまった人々、そして一度避難したものの、住み慣れた地域に戻った人々である。「サマショール（勝手に住み着いた人々）」と呼ばれる。移住先の生活になじむことのできない高齢者が多い。

これらの「帰還者」は明確にチェルノブイリ法違反である。しかし、現在では警察も見て見ぬふりをしているとのこと。

とはいえそのままでは、「住民がいるはずのない場所」に住んでいるため住民登録もなく、「どこにもいない人」になってしまう。自治体のサービスも受けられない。

これらの「帰還者」は形式上「（いつか避難するが）まだ避難していない人々」という位置づけで、30キロ圏外の近隣の市町村に登録している。そして、往診車や移動販売車などを派遣し、必要最低限の住民サービスを提供している。

法律で「帰還禁止」の原則は定めるが、緩やかに例外を認めているのである。ダブルスタンダードとも取れるが、そこに「法律」で割り切れない人間の現実に対する寛容さを見ることもできる。奨励はしないが、現実に帰還者がいる以上その「選択」も尊重する、という姿勢である。

(B) 義務的移住者

チェルノブイリ法は被災地を四つのゾーンに区分している。第2ゾーン「義務的移住ゾーン」には、原則として、長期的な居住は認められない。チェルノブイリ法第4条には「無条件(義務的)移住ゾーンに住む住民は義務的移住の対象となる」と定められている。この「義務的移住」とは何なのか。

「義務的移住ゾーン」は、1991年の時点で土壌のセシウム137汚染度55万5000ベクレル/平方メートル以上、かつ追加被ばく量が5ミリシーベルト/年を超えうる地域である。

誤解されやすいが「義務的移住」とは30キロ圏で行われた「緊急強制避難」とは違う。1991年にチェルノブイリ法ができ、この「義務的移住ゾーン」の住民が即座に退去させられたわけではない。

「義務的移住」は対象者の申請や希望に基づいて、移住先での生活環境を整え、準備ができた地域から実施される。そのため、対象地域全体で移住計画を実施するには何年もかかる。段階的で緩やかな「計画的避難」と言った方が分かりやすい。

「義務的移住ゾーン」からの移住者は、多くの世帯がまとまって移住者用に建てられた住宅に移り住むことになる。しかし希望する場合には、個別に移住先を選ぶことも可能である。個別に移住先を選ぶ場合には、後述する第3ゾーンの「移住権者」と同じように行政機関に申請を出し、移住と移住先での就業に関する指示書を受けなければならない。

集団移住の場合には、移住元自治体の役所や議会が移住者のリストを作成し、そのリストに基づいて移住先の自治体が入居先を割り当てる。移住先が正式に通知されてから1カ月の間には、移住先での住宅入居許可証が渡される。移住者は、割り当てられた住宅を拒否して、自主的に移住先を選びなおすこともできる。

「移住が義務付けられる」といっても、望まない人々が、無理やり地域から引きずり出されるわけではない。当初移住の対象となっていた1万8147世帯のうち、2006年時点で1258世帯がまだこの第2ゾーンに住み続けている。移住先の確保が遅れている場合もあるが、なかには移住を拒否して住み続けている人々もいる。「法律」で割り切れない現実に対して、緩やかな例外を認めているのだ。

ところで、チェルノブイリ法の「5ミリシーベルト/年」の移住基準について「厳しすぎる強制移住基準」という指摘をされることがあるが、これは誤りである。まず、義務的移住の実施はかなりゆっくりで、残って住み続ける例外も認められている。これは「緊急強制避難」ではないのだ。用語上は「義務的移住」または「無条件移住」であり、法文の中でも「強制避難」とは意図的に区別されている。

なお、この地域に事故時に住んでいたか、または一定期間(1993年までの時期に2年以上)住んだ後に移住した人々には、医薬品の無料支給、健康診断・保養費の7割支給、各種生活サービス上の優遇等の補償がある。

解説4　避難後の「ゾーン」は国が管理

チェルノブイリ法のうち、チェルノブイリ被災地の定義と分類を定めた「汚染地域制度法」（＊）によれば、避難が完了して住民がいなくなった地域の管理は、国が行う。

「隔離ゾーン」および当該ゾーンにある居住地点からの住民移住が完了し、そのため当該居住地点の地域議会の活動が停止した「義務的移住ゾーン」の管理は、「隔離ゾーン」および「義務的移住ゾーン」の管理に関わる国家政策を実施する中央行政機関が行う。（「汚染地域制度法」8条）

避難と移住により住民がいなくなった後も、地域の管理が必要である。汚染物質拡散の防止、当該地域での治安の維持、人の出入りの管理等である。特に30キロ圏内では廃炉に向けた作業が続けられており、廃炉作業、核燃料などの危険物質の保存・管理などに、多くの組織・人員が取り組んでいる。これらの組織の活動を管理し、人員の安全性を監督するという課題もある。

２０１１年6月以降は、ウクライナ国家「隔離ゾーン」管理庁がこの役割を担っている。「隔離ゾーン」管理庁は、非常事態省の付属機関であり、以下の課題に関わる国家政策の実施と政策提案を行う。

・「隔離ゾーン（第1ゾーン）」および「義務的移住ゾーン（第2ゾーン）」の管理と「隔離ゾーン」の緩衝機能の保証。
・使用済み核燃料や放射性廃棄物、放射線源の取り扱い。
・放射能汚染地域の回復。
・チェルノブイリ原発事故被害の克服。
・「隔離ゾーン」管理局が管轄する組織・機関・企業における、核設備、核物質、放射性廃棄物、その他の被ばく源の物理的管理。

・チェルノブイリ原発廃炉および爆発したチェルノブイリ原発4号炉を覆う「シェルター」を環境上安全な状態に変容させる作業。

「緩衝機能の保証」が重要施策の一つとして挙げられているように、30キロ圏は事故の起きた原発からの影響から周囲の居住地を隔離する「緩衝地帯」と位置付けられている。このゾーンからの汚染物質の持ち出しは厳しくチェックされる。

日本では福島第一原発事故後、避難指示区域内の管理を一元化して行う国家機関はない。除染など環境保全に関わる課題は環境省の管轄、防災や治安維持は各自治体や警察が行っている。廃炉や原発サイトでの安全性の管理は、基本的に東京電力や協力企業に委ねられている。再稼働に向けた発電所の安全性をチェックする原子力規制委員会も、廃炉に関わる安全性の監督・審査は行っていない。

（＊1991年2月27日付ウクライナ法「チェルノブイリ大災害により放射性物質で汚染された地域の法制度について」。解説1参照）

(C) 自主的移住者

チェルノブイリ法の工夫された点の一つが、「住み続けることも可能だが移住の権利を認める」地域を設定していることだ。第3のゾーンである。

移住権が認められるのは、土壌のセシウム137濃度18万5000ベクレル/平方メートル以上55万5000ベクレル/平方メートルまでで、追加被ばく量1ミリシーベルト/年を超えうる地域である。前章で紹介したパシンスカヤさん一家も、コロステン市のなかで「移住権」が認められる地域に住んでいる。

なお「第4ゾーン（放射線管理強化ゾーン）」の住民でも、子どもと妊婦のいる世帯で医師が「移住が必要」と判断する場合、移住の権利が認められる。またはすでに70ミリシーベルト（平時の生涯の被ばく限度とされるレベル）以上被ばくしている市民にも移住権が認められる。

事故直後の「緊急避難」、数年をかけて行われる「義務的移住」とは別に、チェルノブイリ法は「移住権」＝「自主的移住の法的権利」という考え方を導入した。追加被ばく量「1ミリシーベルト／年」の原則に基づき、これを超えるリスクを受ける地域では移住を希望する住民を国が支援することでその希望実現を保証する。チェルノブイリ法第4条は移住の権利を次のように規定している。

保証された自主的移住ゾーンに住む市民は、放射線状況、被ばくによるありうる健康影響について与えられた客観的な情報に基づいて、当該地域に住み続けるか移住するかを自ら決定する権利を持つ。

保証された自主的移住ゾーンからの退去を決定した市民に対しては、移住できるよう条件が整えられる。

この条文からもわかるとおり、「移住」を奨励しているわけでも、「危険だから移住すべき」といっているわけでもない。法が定めた被ばく基準を超えるリスクを負う地域がある以上、住民自身の選択を尊重するという考え方である。

「移住権者」が移住を決定した場合、引越し費用の支給、移住先での住宅確保・就業支援、元の地域においていくことになる不動産や家財の補償（喪失財産補償）などが認められる。なお、近親者の家に移り住む場合を除いて、チェルノブイリ法が定める第1～4の「汚染地域」を移住先に選ぶことはできない。

「移住権」を持つ市民が移住を決定した場合、住んでいる地域の行政機関に申請し、州の行政府から移住・就業に関する「指示書」を受ける。

指示書の発行から3カ月以内に、移住先の州行政機関に登録することが必要である。移住者は、この指示書を移住先の州行政機関に提出し、住民登録や住宅の確保、就業等の手続きを行なう。移住先では公営住宅、協同組合所有住宅に入居することができる。新たに住宅を購入、建設するなどの選択肢もある。そのように住宅を購入・建設する場合にも、住宅面積など一定の制限付きで、移住先の自治体から資金が出される。その資金もおおもと

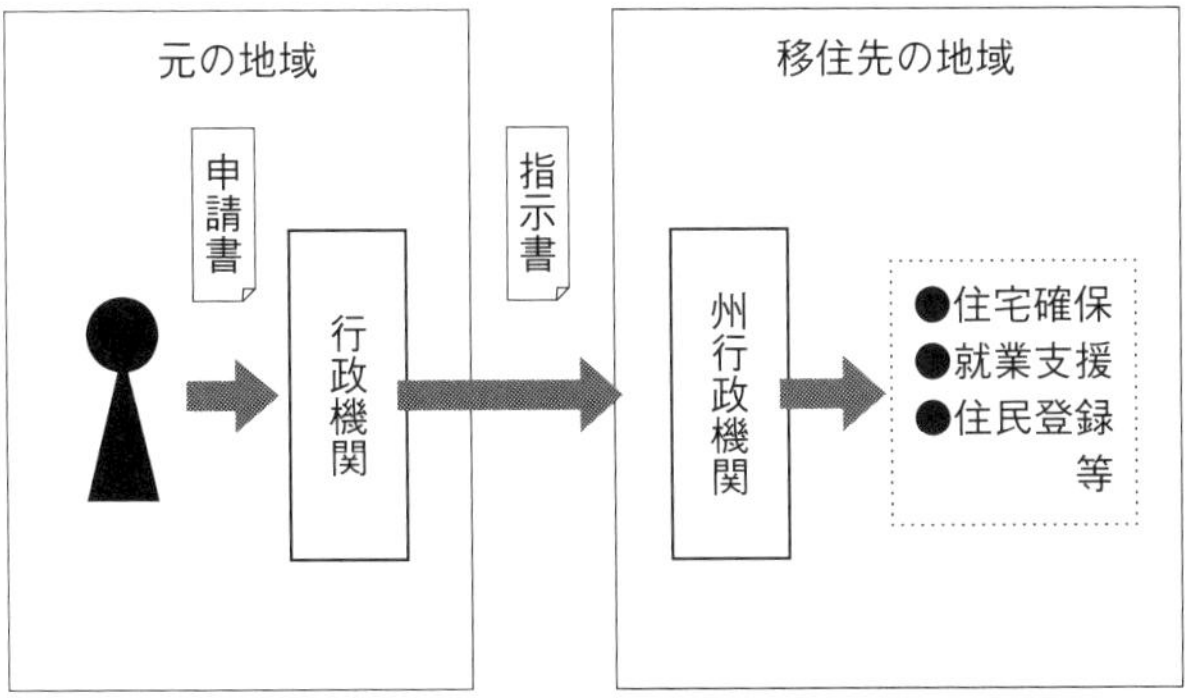

図2-1　保証された自主的移住のプロセス
出所：チェルノブイリ法関連法規をもとに尾松作成

は国家予算からの拠出である。

移住申請に当たっては、申請者の家族（未成年を除く）全員の署名と、家族構成についての証明書を提出する。「家族内の同意」がなければ、移住の権利は実現できないのである。この意味で移住権は「家族単位」で認められるものである。これが単身移住の選択肢を奪ったともいえるが、「移住」による世帯の分断を防ぐことになった面もある。

パシンスカヤさん一家は「移住の権利を行使するか」「住み慣れた町に残るか」家族単位での話合いをしている。少なくとも、「移住の選択肢」を家族で考えるプロセスがあった。法律があっても、苦しい選択であることは間違いない。しかし「残る」ことも「移住」も同等の権利と認められたからこそ、できた話合いである。

「移住権」があっても、誰もが簡単に移住の決断をできるわけではない。住み慣れた地域を離れたくない、高齢の親族を置いていけない等さまざまな理由がある。そのため「保証された自主的移住ゾーン」でも大半の住民は元の地域に残っている。パシンスカヤさん一家も、両親を残していくことが心配で、移住しないことを選んだ。元

表2-4　「移住権」で認められる補償・支援（例）

分野	補償・優遇策
住宅	公営住宅への優先入居、住宅購入費用の減免、住宅建設用地・資材の優先供給　等
雇用	移住先での優先雇用、職業訓練支援、訓練期間中の給与支給　等
その他	引越し一時金の支給、移動・輸送に関わる費用の支給

出所：チェルノブイリ法32条、36条をもとに尾松作成

の地域に住み続けることを選んだ人々にも、健康診断や保養費の減免などが認められる。このゾーンにおいては、「移住」も「住み続けること」も法律が認めた権利である。移住した人々も、住み続ける人々も、その選択を社会的に批判されることはない。

移住した後、一定の期間をへて元の地域に帰ってくる人々もいる。チェルノブイリ法では、これらの「帰還者」に対する支援は特に設けていない。なお帰ってきた後で、「もう一度別の地域に移住したい」といっても、「二度目の移住権」は認められない。

なお、移住権が認められるには一定期間（1993年1月1日時点で3年以上）この「保証された自主的移住ゾーン」に住んでいる必要がある。また、移住した市民には、医薬品の無料支給、健康診断・保養費用の7割支給、各種生活サービス上の優遇等の補償がある。

解説5　避難元に置いていく財産の補償

チェルノブイリ法では、「強制避難者」「義務的移住者」「保証された自主的移住者」が避難元に不動産等財物を置いていかざるを得ない場合、それらを「喪失資産」として補償する。

チェルノブイリ法では「喪失財産」として以下の項目を、補償対象に定めている（35条）。

不動産
・住宅
・菜園付の小屋およびダーチャ

・ガレージ
・経済活動用の建物
農作物・家畜
・農作物
・樹木
・殺処分対象の家畜
家財
・汚染度が高く移住先に運べないもの

不動産の補償価格は、移住・避難により当該不動産を「手放した」とみなされる時点の価格を考慮して設定される。

これらの「喪失資産」は補償金が支払われたのちに、避難元の自治体の保有資産となる。

Ⅱ　汚染地域の住民

「汚染地域」でも、すべてが避難対象になるわけではない。第4ゾーン「放射線管理強化ゾーン」には原則として、移住の支援はない。自費で移住しない限りは、元の地域に住み続けることになる。第3ゾーン「保証された自主的移住ゾーン」でも、「移住の権利」と同時に住み続ける権利が認められている。移住権を認められても、地域に残り住み続ける人々は多い。

移住が義務付けられる第2ゾーン「義務的移住ゾーン」でも移住の実施までに長い時間がかかる。当然、移住計画が実施されるまでの間、そこには住民がいる。

これらの地域に住み続けている（就業・就学している）人々も、補償・支援の対象になる。

たとえば、第2および第3ゾーンの住民には、医薬品の無料支給、健康診断・保養費用の7割支給等が認められる。なお、これらの支援をうけるには一定期間住んでいたことが条件になる（1993年1月1日時点で、「義務的移住ゾーン」には2年以上、「保証された自主的移住ゾーン」には3年以上）。

第4ゾーン「放射線管理強化ゾーン」に住んでいる住民に対しても、医薬品の無料支給、健康診断・保養費用の5割支給等の支援が認められている。ここでも、一定期間（1993年1月1日時点で4年以上）住んでいたことが条件である。

「放射能汚染地域」では汚染度の低い食品を入手することが困難である。またこれらの地域では、住民の重

表2-5　住民に対する主な支援策

被災地分類	居住期間条件	主な支援・補償
第1ゾーン	なし（原則住民は存在しないため）	
第2ゾーン	93年1月1日時点で2年以上居住	医薬品の無料支給、義歯治療無料化、健康診断、保養費用の7割支給 14日間の追加有給休暇（未成年の保護者）、燃料費の半額免除　等
第3ゾーン	93年1月1日時点で3年以上居住	
第4ゾーン	93年1月1日時点で4年以上居住	医薬品の無料支給、健康診断、保養費用の5割支給

出所：チェルノブイリ法の条文をもとに尾松作成

要な食料供給源である、自家栽培が制限される。しかし汚染されていない地域から食料品を取り寄せるには費用がかかる。このため、これら汚染地域の住民には、食品入手のための月額補償金が支払われている。

また、これら放射能汚染地域で働く人々に対しては、就業期間に応じて、有給休暇の延長、給与の増額、年金の上乗せ等の優遇が認められている。

解説6　長期におよぶ健康診断

チェルノブイリ法において健康診断は、すべてのカテゴリーの被災者を対象とした最重要支援策である。同時に、健康診断を受けることは被災者の義務として規定されている。

チェルノブイリ法17条は「チェルノブイリ大災害の被害を受けた市民は、医療機関において、定められた診断を受けなければならない」と規定している。

チェルノブイリ被災者に対する医療支援のために、専門医療センターや保健所等の300以上の医療施設のネットワークが活用されている。

障害者およびリクビダートル（事故処理作業者）の健康診断は、毎年、チェルノブイリ原発事故記念日（4月26日）に近い時期に行われる。子どもの健康診断は夏の保養シーズン前に行われることが多い。これらの健康診断の結果を考慮して、「保養・療養」プログラムが組み立てられる。

各地域の医療施設での健康診断結果は「統一国家レジストリ」というデータベースに保管される。この健康診断データが、他の専門医療レジストリのデータとあわせて、被災者の健康調査等に活用されている。

チェルノブイリ法16条に、この「国家統一レジストリ」の目的は「チェルノブイリ大災害被災者の健康状態の管理、事故直後の健康影響および晩発性影響の調査である」と定められている。また同条には、国家統一レジストリに記録された個人情報の保護に関する市民の権利と、レジストリ運営者の義務も規定されている。

チェルノブイリ法は、健康診断の項目や実施規則について詳しくは定めていない。ウクライナ政府報告書は、甲状腺がんや白血病以外にも、白内障、血液循環器系疾患、神経系統疾患等のデータを広く示している。このことからも、健康診断の項目は一部のがんに限定されていないことが分かる。

2011年のウクライナ政府報告書によれば、近年の健康診断の実施率は安定して高い。リクビダートルの97・3~97・8%、成人被災者の95・2%、被災児童の99・2%が健康診断を受けている。

予算難のために、全体でみるとチェルノブイリ法が定めた支援策の実施率が低いことが指摘されている。しかし、この健康診断のように9割5分を超える実施率を保っている施策もある。

チェルノブイリ法が国家の責任を定めていたからこそ、予算難のなか、事故後30年近くたった今でも、全国的な健康診断が続けられているのである。

Ⅲ 子どもたち

チェルノブイリ法で、特に重点的に保護されるのが「子どもたち」である。これは、事故時に幼くして（あるいは胎児として）被ばくした人々、またリクビダートルなど高い被ばくを受けた被災者から生まれた子どもたちだ。

被災児童の治療は国にとっての優先事項である。チェルノブイリ法は次のように定めている。

学齢または学齢以前の被災児童の救済、治療、リハビリ（心理的リハビリも含む）は、チェルノブイリ大災害の被害克服に関連するあらゆる医療プログラム・支援策における優先方針である。被災児童の治療は、最新の診察・治療用設備を備えた国内の最良の保養・療養施設、専門医療センターで行われ、最新の薬品を使用し、国内外の経験豊富な専門家がそれぞれ独自の方法、機材、薬品を用いて行う。（28条）

この条文には「優先的に子どもを守る」という国の決意が示されている。

チェルノブイリ法は「チェルノブイリ被災児童」という子どもだけに適用される特別なカテゴリーを設けている（27条）。「チェルノブイリ被災児童」と認められるのは以下の子どもたちである。

①30キロ圏からの避難者（避難時胎児であった者も含む）

②事故時、「義務的移住ゾーン」に住んでいた児童。事故後同ゾーンに1年以上住んでいたか、就学していた児童

③事故時、「保証された自主的移住ゾーン」に住んでいた児童。事故後同ゾーンに2年以上住んでいたか、就学していた児童

④事故時、「放射線管理強化ゾーン」に住んでいた児童。事故後同ゾーンに3年以上住んでいたか、就学していた児童
⑤母親の妊娠期に、両親の内の一人がリクビダートルや避難者、汚染地域居住者のステータスを得る条件を満たしており、1986年4月26日以降に生まれた子ども
⑥甲状腺がん患者（被ばく量の数値は問わない）、放射線病罹患者
⑦保健省の定める基準を超えて甲状腺被ばくした子ども

注目したいのは、甲状腺がんを患う児童（上記⑥）は、被ばく量を問わず補償の対象にしていることである。甲状腺がんを患う児童は、どれだけ被ばくしたのか、いつごろ発症したのか、などを問わず救済するのである。

また事故時にまだ生まれていなかった「子ども」も「被災児童」のなかに含んでいる。子孫まで長期的に補償をするという国の姿勢が、チェルノブイリ法の特徴である。後述するように、ウクライナ憲法は「国民の遺伝給源を守る国の責務」を定めている。原発事故の影響が未来の世代に続く可能性を考慮しているのである。

被災児童には、栄養・衛生上の基準を満たす食品だけでなく、放射性物質の体内からの排出を助けるサプリメントも供給される（29条）。

そのほか、医師の処方する薬品の無料支給、毎年の保養無料化（年2カ月までの期間）、学校での食費免除、幼稚園・保育所などの費用の免除が認められる。一般の障害児に対する給付金が、チェルノブイリ障害児童には割増で支給される。

保護者に対しても、子どものケアに専念しやすいよう、さまざまな支援を認めている。子どもの看病や療養につきそうために仕事を休まなければならない保護者も少なくない。14歳までの被災児童の看病・付き添いのためであれば、保護者に一時失業手当として、平均給与と同額が支払われる。また、治療や保養で遠方の施設まで行かなければならない場合、交通費が免除される。

また被災児童を抱える家族に対しては、児童1人につき、決められた額の月額補償金が支給される。補償金の金額は、障害や疾病の有無、住んでいる地域、避難経験などによって違う。子どもが特別な医療・介護ケアを必要とする場合、住宅の中に専用の部屋を作るための支援もある。

また、被災者のうちで妊娠中・出産後の女性に対しては、産前産後各90日ずつの休暇が認められている。

なお、18歳になった時点で「被災児童」の認定はなくなる。汚染地域に一定期間住んでいた場合、健康被害があるなどの場合は、再度被災者認定手続きを行なう。そして今度は「成人の被災者」としての資格を得ることになる。後出のインタビューで政策担当者が「18歳の後は被災者ではない」とコメントしているが、それは「被災児童」認定がなくなるという意味である。

解説7 保養

健康診断と同様に、チェルノブイリ被災者の健康保護施策の中で重要な位置を占めるのが「保養」費の減免である。

汚染地域に住む人々にとって、汚染されていない地域で一定期間を過ごす「保養」は、良好な環境で過ごし、被ばく量を低減する貴重なチャンスである。また、被災者（特に子どもたち）は、保養を通じて専門家の指導のもと健康的な生活習慣を定着させる。放射性物質を体内に取り込んでしまった場合でも、それ以上の蓄積を防げる。保養期間中に、体内の放射性物質が減少することも期待できる。

しかし、チェルノブイリ被災者すべてに保養費が免除されるわけではない。保養費の負担割合は、被災者カテゴリーごとに次のように差がつけられている。

・全額免除：障害者、放射線病罹患者、初期リクビダートル、被災児童
・7割支給：後期リクビダートル、第2・第3ゾーンからの移住者、第2・第3ゾーンの住民
・5割支給：第4ゾーンの住民

保養期間も被災者カテゴリーごとに違う。特に被災児童のための保養期間が、長くとられていることに注目したい。

・一般の被災者：18日
・神経系統疾患を患う障害者：最大45日
・被災児童：21日〜2カ月

対象者は「保養クーポン」を支給される。「保養クーポン」を受けるためには、前年の10月15日までに住んでいる地域の役所に以下の書類を提出しなければならない。

・保養を希望する時期を記入した申請書

・保健省が定めた形式で発行される保養クーポン受給証明書
・被災者証明書のコピー
・身分証明書のコピー
＊2013年3月27日付ウクライナ内閣決議N261参照

保養希望者の健康状態を考慮して施設が選定され、申請提出順にクーポンが支給される。近年、国の財政難で、すべての対象者に保養クーポンが支給できているわけではない。たとえば2010年には36万4417の申請が出されたが、国の予算で購入できたクーポンは11万1383件（うち7万194件が被災児童用）であった。

しかし保養策の必要性は広く認知されている。予算確保の課題に悩みながらも、「保養」の取り組みは事故から30年ちかく経過した現在でも続けられている。

Ⅳ「事故処理作業者（リクビダートル）」——国家危機を救った英雄

事故直後、多くの市民が、爆発した原子炉の消火など、被害拡散防止のための作業にあたった。原発から110キロ離れたコロステン市の住民も、事故処理作業に参加している。十分な放射線防護の措置もないままに、危険な放射線状況下での作業に取り組んだのだ。その総数は約60万人と言われるが、正確な数は分からない。ロシアの事故処理作業者の一人は「作業員数の記録が正確でない。実際にはもっと多かったに違いない」と主張する。

彼らは事故とその被害の「解消・解体（リクビダツィヤ）」に取り組んだ者、という意味で「リクビダートル」と呼ばれる。事故対応に当たった原発従業員だけでなく、ウクライナの外から召集を受けて作業に参加した兵士・エンジニアなども、「リクビダートル」に含まれる。

リクビダートルは、被災国で社会的尊敬の対象となっている。「リクビダートル」は原発事故被害の拡大による壊滅から命を懸けて国を救った英雄である。事故から約30年近く経った今でも、チェルノブイリ事故の記念日には式典に呼ばれ、大統領や政府要人から感謝の辞を捧げられる。法律上、医療サポートや年金などの面で、第二次世界大戦の功労軍人と同等の待遇が認められる。功労軍人とともに、祖国の英雄なのだ。

チェルノブイリ法の中でも、「リクビダートル」に対しては、その他の被災者に比べて手厚い補償・支援が約束されている。

しかし広い意味で「事故の被害対応」に関わった市民は多い。原発の消火活動で死亡した原発作業員、避難者の搬送に取り組んだ運転手、避難者を受け入れてケアをした医療施設の職員など、多くの人々が身を危険にさらして危機に立ち向かった。また厳密にいえば、２０１６年現在でもチェルノブイリ原発事故は収束していない。今でも廃炉作業に向けた準備や、使用済み燃料の保管など、事故の起きた原発での作業に従事する人々がいる。

では具体的に誰が、「リクビダートル」と認められるのか。これらの人々がみな、同じように「リクビダートル」となるのか。結論から言えば、否である。

「リクビダートル」と認められるためには、「作業に従事した時期と期間」「職務内容」「作業に従事した場所」等、法律に定められた条件を満たさなければならない。

リクビダートルと認められ、補償の対象になるには表2—6のような条件を満たす必要がある。

基本的に「リクビダートル」と認められるのは、30キロ圏(および30キロ圏外の一部のホットスポット)内での作業に従事した者に限られる。30キロ圏の外で避難者の受け入れや、被害拡散防止に関わる作業に従事しても、「リクビダートル」ではない。

法律上「事故収束期間」は1986~90年である。91年以降にチェルノブイリ原発での作業に従事しても「リクビダートル」とは認められない。

なお現在30キロ圏を含む汚染地域で勤務している民間人・軍人等に対して、チェルノブイリ法は、割増賃金や追加有給休暇などの優遇措置を定めている。

表2-6 「リクビダートル」と認められるための条件

項目	条件規定
時期・期間	1986~87年:勤務日数を問わない。 1988~90年:30日以上。(＊出張者、一時勤務者も含む)
場所	基本的には30キロ圏および追加避難対象となったホットスポット内の作業(チェルノブイリ法で「隔離ゾーン」と呼ばれる)。
職務内容	事故自体の収束に関わるあらゆる作業。主に「ゾーン内」の作業だが、ゾーンからの資材の搬出、避難支援に関わる作業も対象。 なお、1986年に14日以上、機材の除染や住民の放射チェックポイントで勤務した作業員も対象になる。

出所:チェルノブイリ法第10条「チェルノブイリ原発事故処理作業者の定義」をもとに尾松作成

これは被害者に対する「補償」ではない。危険条件での労働に対する優遇策という位置づけだ（チェルノブイリ法第7部39～47条）。

「リクビダートル」に対しては、医療・健康保護、住宅供給、生活サービス・物資供給等、多種の補償・支援が定められている。

主な医療上の支援策は、医師が処方した薬品の無料支給、無料義歯治療（放射線の影響が歯に出ると言われている）、サナトリウム・保養施設での保養、毎年の健診と特別医療施設での治療など。生活面では、個人住宅用地の優先的な提供、住居増築や広い部屋への住み替え等に際しての優遇。また90年代には品不足であった家電などを優先的に入手することができ、電話の取り付け料金も減額される。

リクビダートルは、公共交通機関の利用は無料である。事故処理作業の結果障害者となった被害者には、無料で自動車が提供されることもある。

また、同じ「リクビダートル」でも１９８６年事故直後の時期の作業者と、１９８８年以降の作業者では補償内容に差がつけられる。事故直後の作業者の方が、被ばく量が高く、より高いリスクを負っていると想定されるからだ。

特に、事故の起きた１９８６年4月26日～7月1日までの約2カ月間に事故処理作業に参加した人々は優遇される。この時期の作業者は放射性ヨウ素（半減期約８日）による被ばくを集中的に受けた可能性が高いためだ。チェルノブイリ法では、この事故直後約2カ月に被害を受けた被災者をより手厚く保護している。

このような考え方に基づき、作業の時期や日数で、チェルノブイリ法ではリクビダートルを三つのグループに分ける。支援対象としての優先順位や補償の内容の面で、①、②、③の順に優遇の度合いが下がる。

①「障害者」――事故処理作業者で障害者となった者または放射線病罹患者

②「初期リクビダートル」――事故から間もない時期の作業者または比較的多くの日数作業に従事した者（具体的には次のように規定される。1986年7月1日までの期間の勤務者［勤務日数を問わない］、または1986年7月1日～12月31日の期間、5日以上の勤務者、または1987年中に14日以上の勤務者）

③「後期リクビダートル」――事故から一定の期間が経過した後の作業者または比較的少ない日数作業

表2-7　リクビダートルに認められる主な補償・支援内容

分野	補償・支援内容
医療 健康	医薬品の無料支給、義歯治療無料化、健康診断、治療の順番待ち免除、保養費用減免、基準を満たした食品の供給　等
住宅	個人住宅用地の提供、住環境改善支援　等
生活	家電などの優先入手、公共料金減額、公共交通機関無料、各種サービスの順番待ち免除　等
雇用	有給休暇の追加、解雇・異動時の優遇や補償　等
教育	大学・高等専門学校への優先入学、奨学金増額支給　等

出所：チェルノブイリ法の条文をもとに尾松作成

に従事した者（具体的には次のように規定される。1986年7月1日～12月31日の期間、1日以上5日未満の勤務者、または1987年中に1日以上14日未満の勤務者、または1988年～1990年に30日以上の勤務者、または放射線衛生チェック・除染ポイントにおける1986年に14日以上の勤務者）

たとえば、①の「障害者」に認められる「自動車」支給などの支援は②「初期リクビダートル」、③「後期リクビダートル」には認められていない。

「障害者」や「初期リクビダートル」には「保養」費用が全額免除になる。一方で「後期リクビダートル」に対しては7割支給である。また「後期リクビダートル」には、「障害者」や「初期リクビダートル」に認められる住宅の優先提供等の支援がない。

このように同じ「リクビダートル」でも、勤務時期や日数によって支援・補償内容に差がつけられている。

解説8　「チェルノブイリ被災者」には二つのグループがある

チェルノブイリ法9条「チェルノブイリ大災害による被災者の定義」は、「被災者」を大きく、二つのグループに分けている。

①事故とその被害に対する事故処理作業に直接参加した市民：「リクビダートル」

②チェルノブイリ原発事故の結果、放射線被ばくをうけた市民：「チェルノブイリ大災害被災者」

①は、事故の起きた原発の消火活動に参加した人々、原発30キロ圏からの住民や財物の避難を支援した人々など。事故直後の高線量下で、被害の拡大防止に取り組んだ作業者たちである。

②には、30キロ圏から強制避難させられた人々や、後になって自主的に移住した人々、汚染地域に住み続けている人々等が含まれる。

よく考えると、①と②が同じ「被災者」としてくくられるのは、法律上奇妙でもある。

①の事故処理作業者は危険な条件下の労働で被害をこうむった（またはリスクを負った）人々である。本来は、労働災害の被害者であり、労働法に基づいて補償されることになる。

②の避難者や被災地住民は、チェルノブイリ原発事故という公害の被害者である。法律上は環境犯罪・規則違反の被害を受けた環境犯罪被害者である。

従来の法体系のなかでは、①と②は、別の法律によって救済されるべきものだ。

しかし、事故処理作業者と被災地住民は、それぞれ被害救済を求め、チェルノブイリ法成立を後押ししてきた。

チェルノブイリ法は、これらの人々をまとめて「チェルノブイリ大災害被害者」というカテゴリーを創り出した。原発事故によって、長期にわたる不確定な被害・リスクが想定される。これは、従来の労災補償や公害被害救済の枠組みではとらえきれないものである。「チェルノブイリ事故被害者」という特別なカテゴリーを創らなければ、長期的に信頼される救済制度を作ることができなかったのである。

解説９　年金の優遇

チェルノブイリ法は、被災者（およびその遺族）に対する年金制度上の優遇を定めている。具体的には、老齢年金・障害年金・遺族年金の割増し、年金受給年齢の引き下げである。

この年金優遇策は、事故処理作業者、障害者、避難者、汚染地域の住民等ほぼ全ての「被災者」が対象になる。同時に、年金額の割増し率（どのくらい増額するか）や、受給年齢の引き下げ幅（通常よりも何年早く受給できるか）は、被災者カテゴリーによって異なる。

単純化して言うなら、より高いリスクを強いられた被災者をより優遇する原則である。事故処理作業者のなかでも事故直後の時期の勤務者の方が、増額の割合も、受給年齢の引き下げ幅も大きい。同じ避難者でも、より汚染レベルの高い地域からの避難者の方が優遇される。

老齢年金の受給年齢引き下げでは、例として以下のように差が付けられる。

＜事故処理作業者＞
・１９８６年（５日以上の勤務）の事故処理作業者：10年の引き下げ
・１９８７年（14日以上の勤務）の事故処理作業者：８年の引き下げ

＜避難者＞
・「第１ゾーン」の内原発10キロ圏からの避難者：10年の引き下げ
・「第１ゾーン」の内原発10キロ圏外からの避難者：８年の引き下げ

障害年金の増額率でも被災者が被ったリスクに応じて差が付けられている。例として、同じ「障害等級１級」の被災者に対する障害年金の増額率は以下の通り。

・１９８６年の事故処理作業者：労働不能者の最低生活費の２２０％以上

・87年～90年の作業者：同160％以上
・事故処理作業者以外の被災者：同130％以上

2014年現在ウクライナの年金受給年齢は男性60歳、女性は55歳以降である。受給年齢「10年」の引き下げの場合、女性であれば45歳から年金をうけとることもある。

なお現在ウクライナでは年金受給年齢は徐々に引き上げられており、誕生年別に、受給開始が、段階的に引き上げられている。

チェルノブイリ被災者の「年金増額」は、支給時期の「最低生活費」や「平均月収」を基準にその場合、「～％・～倍」と定められる。「～円上乗せ」というような具体的金額では示されない。金額で示した場合、インフレによりすぐに無価値になってしまうためだ。

この年金優遇による支出が、特に大きな財政負担になっている。この年金優遇策のための国家支出額は、チェルノブイリ被災者に対する他の補償・支援策のための支出額合計の、およそ3倍にあたると指摘されている。

V　チェルノブイリ以外の原子力被害者

チェルノブイリ法は文字通り、チェルノブイリ原発事故被災者の社会的保護を目的とする法律だ。

しかし、ソ連ではチェルノブイリ原発以前にも1950年代にウラルの放射性廃棄物保管施設で事故があり、多くの被災者が十分な保護のないまま取り残された。セミパラチンスク（カザフスタン）

の核実験で被害を受けた住民もいる。

チェルノブイリ被災者の保護制度を作る中で、「同じように放射線の被害を受けた、チェルノブイリ以前の被災者はどうなるのか」「過剰な職業被ばくを被る人々は保護されないのか」といった問題が生じた。

ウクライナのチェルノブイリ法は、チェルノブイリ以外の原子力被害者も支援の対象としている。また放射性物質の管理、運搬、処分などに関わる作業者や放射線源を扱う仕事に携わる市民にも、同様の補償を約束している。

> 他の原子力事故、核実験の被害処理作業、核兵器を使用した軍事演習に参加した市民は被災者グループ1、2、3（被災者のグループ分類、4つのゾーン区分とは別——筆者）のどれかに分類される。この分類の規則はウクライナ内閣によって定められる。
>
> 被災者の責めに帰することのない事故、放射性物質を扱う機器の運用規則違反、放射性物質の保管や処分規則の違反によって生じた基準を超える被ばくに起因する放射線病やその他の疾病を患う市民は、その因果関係が医療機関によって確定された場合、本条3項に示された被災者カテゴリーに分類される。（14条。傍線筆者）

一つの原子力事故の被害補償制度を真摯に作り込めば、結果として「原子力リスクの時代に国民をどのように守るのか」という根本的問題にぶつかる。

チェルノブイリ事故被害に向かい合うなかで、立法者たちは、これまで目をつぶってきた過去の原子力被害、これから起こりうる原子力被害に対する救済も盛り込んだのである。

5　ウクライナの覚悟

なぜこのように、多種の市民を被災者と認め、国家責任による補償を約束する法律ができたのか。「チェルノブイリ原発事故」を国家の運命を左右する「真に国家的な悲劇」と認めたからだ。チェルノブイリ法の冒頭には次の一文がある。

チェルノブイリ大災害は何百万もの人々の運命に影響を与えた。多くの地域で、広大な領域で、今までにない社会・経済状況が生じた。ウクライナ全体が環境被害ゾーンとなった。

チェルノブイリ法では「チェルノブイリ事故(avariya)」ではなく「チェルノブイリ大災害(katastrofa＝カタストロフィ)」という言葉が使われる。

事故後の数年間、政府は「原発周辺30キロ圏＋α」のみを「被災地」と認め、一部の事故処理作業者と避難者だけに支援を限定してきた。広範囲な汚染状況を隠し、事故の規模・範囲を過小評価してきた。

情報が公開されるとともに、住民は事故の規模の大きさを知った。情報公開が遅れたことで、被害の規模は広がっていた。国による被害の隠蔽と過小評価が、取り返しのつかない社会混乱を引き起こしたのだ。

チェルノブイリ法で「事故」ではなく「カタストロフィ」という言葉を使うのは、遅ればせながら「真に国民的な悲劇」に立ち向かう、国家の決意の表れである。

ではどのようにして、この認識が確立したのか。事故から4年後の1990年4月には「法律の必要性」が叫ばれていた。そのとき、まだ法律はなかった。

この1990年4月から1年足らずで、チェルノブイリ法成立（1991年2月）にたどり着く。チェルノブイリ法の策定に携わった立法者たちはどんな問題を議論し、どんな問題に苦しみ、答えを出したのか。次章でその歩みをたどる。

（尾松）

郵便はがき

52円切手を
貼って下さい

150－0043

東京都渋谷区道玄坂1-19-11
寿道玄坂ビル4F

東洋書店新社
編集部行

購読申込書

小社発行図書のご注文は、お近くの書店にお願いします。
お急ぎの場合は、発売元（垣内出版）までお電話、
またはこのハガキでお申し込み下さい。
送料別途
お問い合わせ：Tel03(3428)7623 ／ Fax 03(3428)7625

書名		冊
		冊
		冊

ご芳名《フリガナ》　　　　（部課：　　　　）

送付先　□□□-□□□□

☎（　　　）　　－　　　（必ずご記入下さい）

ご購入
図書名

フリガナ
ご芳名 男・女
歳

ご住所□□□-□□□□ ☎（　　）　—

E-mail

ご勤務先（学校名）
☎（　　）　—

ご購入のきっかけ（番号を○で囲んでください）

1. 広告を見て（新聞名:　　雑誌名:　　）

2. 書店で見て　3. 弊社ご案内　4. その他（　　）

お買い上げ書店名　区・市・町　書店

購読されている
新聞 又は 雑誌

ご感想、編集部へのご意見、今後の出版物へのご希望、ご興味をお持ちの分野など

皆様のご意見は、今後の本作りの参考にさせていただきます。また、ご記入いただいたご住所、Eメールアドレスに、弊社出版物のご案内をさしあげることがあります。上記以外の目的で、お客様の個人情報を使用することはありません。

第3章 チェルノブイリ法ができるまで

1　広がる住民の不安と怒り――コロステン市のケース

事故から3年後に公開された汚染地図。汚染はチェルノブイリから北西部にまだらに広がり、チェルノブイリ原発から110キロ離れたコロステン市まで達していた。それまで安全だといわれていた住民にとって、まさしく晴天の霹靂だった。コロステン市の人たちはこの新たな事実をどのように受け止めたのか。

私たちは当時の市のトップ、ウクライナ共産党委員会の書記であったウラジーミル・マスカレンコさんを訪ねた。

当時、ソ連はウクライナをはじめ15の共和国で構成されていた。ソ連共産党による一党独裁で、全国各地に党組織が網の目のように張り巡らされていた。モスクワのクレムリンの共産党中央委員会の決定は絶対であった。

知らされなかった危険

マスカレンコさんはウクライナ独立後、1999年に市長となり現在4期目を務める。ソ連時代、ウクライナ独立後を通して、ずっとこの町を牽引してきた実力者である。

コロステンの町の中央にある市庁舎は、4階建ての白い長方形の何の変哲もないソ連風の建物である。エレベーターはない。所々塗装が剥げ、年代を感じさせる。4階にある市長室でマスカレンコさんは、エネルギッシュに早口で私たちの質問に答えてくれた。コロステン市には福島原発事故の後、日本からの視察団が次々と訪れて

ウラジーミル・マスカレンコさん

いるということで説明はよどみない。マスカレンコさん自身も福島を視察し、日本への関心は高い。まず事故当時の話から伺うことにする。彼自身、いつ事故を知ったのだろうか。

「事故が起きた1986年4月26日とその後数日は、チェルノブイリ原発で火災が発生し、何か緊急事態が生じているという情報はあったものの、詳しいことは分かりませんでした。しかし数日後には、原発で事故があったという情報が伝えられました。正式にテレビでも報道があり、映像が映しだされ、新聞やラジオでもニュースが流されました。しかしそれほど怖いものではなく、恐ろしい悲劇ではないとされていました。

つまり何か技術的な事故が起き、発電所の中で悲劇が起きたということでしたが、誰もその事故の本質については分からなかったのです。私がそれを知ったのは原子力発電所の近くのプリピャチ市から住民たちがコロステンに避難してくるようになったからです。事故が起きた2日後に、プリピャチ市の住民たちが、全面的に退去させられたのです。私たちもバスや自動車を派遣し、ウクライナのすべての州、地域、市からも機材が投入され、住民たちが移動させられました。

そして、ソ連気象庁長官が影響は深刻なものになる可能性があるという情報を流しました。衛生基準を遵守する必要がある、水を使って清掃し、家のそばに濡れ雑巾を置いて、足を拭き、すべて洗い流すようにと指導していました。また医療関係者たちはヨードを含んだ食品や錠剤を摂取しなければならないと言っていました。系統的ではなかったかもしれませんが、そういう情報は流れていました。しかしどこでどのくらいの汚染なのかということについては誰も知りませんでした。

事故の3週間後、私たちはコロステンの多くの子どもたちを市外に退去させ始めました。そのとき、市内には1万人ほどの児童がいましたが、その子どもたちを他の州へと移動させました。フメリニツカヤ州の26のピオネールキャンプに移動させました（ピオネールはソ連全土で組織されていた少年団のこと——筆者）。5月20日のことです。それからテルノポルスカヤ州、リボフなど、学者や専門家たち、政府が汚染されていないとする地域に送りました。その子ども、学童たちを乗せたバスの車列というのは、実に衝撃的な光景でした。教師たちも子どもたちと一緒に乗りこみました。母親たちは泣いていて、不安な様子でした。子どもがいなくなり、市は空っぽとなりました。

その他、事故後すぐの段階で、健康を取り戻そうと自発的にこの地区を去った人もいます。1カ月後には母親と子どもに、つまり大人にも健康回復を目的として、ここからしばらく離れるためにサナトリウム利用券が分配されました。ですから情報がなかったというのは嘘になります。情報はあったのです。ただ、今私たちが持っているほど十分なものではありませんでした」

当時コロステン市からは男たちの多くが事故現場に動員され消火作業にあたった。うち何人かが犠牲になっている。また、コロステン市には鉄道の駅やヘリポートがあり、チェルノブイリ事故処理の際に使われた資材やチェルノブイリ近くの家畜など多くが運びこまれた。30キロ圏内からの避難民も受け入れ、まさに事故処理の前線基地の様相を呈していた。コロステンの住民は事故処理作業から帰ってきた男たちや避難民から事故の様子を断片的にしか聞かされていなかった。

汚染地図の公開と立ち上がる市民

そして3年後、汚染地図が公開されたとき、住民の間には大きな不安と怒りが広がった。町は疑心暗鬼に包まれていたとマスカレンコさんは述懐する。

「人々は、通りで、職場で、学校で、家で、公園でとあちこちで集まり、やはり政府は私たちに何も言わない、私たちは人質だ、もうすぐ死ぬのだ、やつらはひどい人間だ、何も言わずに黙っていると、そんな風に言い合いました」

住民たちは市庁舎の前で集会を繰り返し、情報公開と緊急の対策を要求した。この時マスカレンコさんは、政府に対して住民と共に戦おうと決心したという。

「私はモスクワのクレムリンのチャゾフ保健大臣に電報を送りました。市は悲惨な状況にあり、人々が病に冒されている、しかし何の措置も講じられていないと訴えました。すると、モスクワの保健省から気取った態度の人々がやってきて、私たちに説教しようとしました。共産党員である君が何をパニックに陥っているのかと。それで私は言いました。モスクワからこちらに移り住んでくださるなら反対はしません。どうやって生活すればいいのか、どうやって健康を保てばいいのか、どうぞお手本を見せてくださいと、かなり厳しく迫りました」

民主化の大波にのって

ソ連時代の共産党一党独裁のシステムでは、党中央からの指令は絶対であった。住民を抑え込むことができず、住民側に立ったマスカレンコさんは共産党から圧力をかけられ除名されそうになったという。しかし時代は変化しつつあった。

「私たちは、党に対して、それまで反対の声を上げる権利などありませんでした。そのようなことは教えられていなかったのです。しかし、そのとき時代が変わろうとしていました。広場には一般の住民たちが集まり、言いたいことを言い始めていました。つまりもうそこには別の形のやり方ができ上がっていたのです。話し合いを行う必要がありました。『私はリーダーで、あなたたちは馬鹿だ』という方法は通用しないのです。指導部の誰かが怒った顔をしてみせても何も得ることはできません。指導部は選出され、退職していきますが、住民たちは永遠なのです」

当時、国のトップであったゴルバチョフ書記長は1986年に硬直した社会主義体制の改革を目指して、ペレストロイカを始め、それは社会を根底から揺り動かした。ゴルバチョフは改革の目玉として、グラスノスチ――情報公開をスローガンに掲げた。政府発表のニュースしか見たことがなかった国民は、違う意見が流されることに衝撃を受けた。パンドラの箱が開いたのだ。70年間閉じ込められていた人々の思いが至る所で噴出し始めた。

マスカレンコさんは市庁舎前の広場で、つめかけた住民たちと、時には6時間にわたり話し合ったという。コロステンの記録保管所で当時の新聞をみせてもらった。掲載されている写真には広場に集まった人たちの必死な表情が残されている。マスカレンコさんは住民の訴えをもらさず聞き取ろうとした。

「すでに民主化が始まっていました。ゴルバチョフの改革で、社会団体の動きも活発化していました。当時発足した『ウクライナ人民ルフ党』も一定の役割を果たしました。当時、彼らは民主化のために会合を開くようになっていました。彼らは公聴会を開き、私たちを招待しました。私は党の州委員会代表として参加し、彼らと交流を図り、国家建設、市の問題、そしてチェルノブイリなどあらゆる問題について意見を交わしました。そして情報が人々に伝えられました。私たちも積極的な活動を行い、『コロステン鉄道連絡駅ストライキ委員会』を創設しました。現在ではコロステンの鉄道員の数は5000人となりましたが、当時は多くの鉄道員がいたのです。

また、当時、コロステン地区からはウラジーミル・ヤツェンコという議員が（ウクライナ人民代議員に）選出されました。彼の重要政策であったのが、チェルノブイリ事故の災害処理を求める運動であり、放射能が住民に与えうる影響を最小限に抑えようということでした。彼は最高会議レベル、政府レベル、あらゆるレベルで非常に積極的に演説しました。彼はウクライナ全土で私たちの状況を訴えていく牽引力でした」

政治運動の開始

ウラジーミル・ヤツェンコさんは、その後ウクライナ政府のチェルノブイリ法制定委員会で直接法整備に携わることになる。インタビューを申し込むと鞄がはちきれそうに資料を詰め込んでやってきてくれた。政治家というより実直な学者肌という風貌である。

まず汚染地図公開当時の思いをこう語ってくれた。

「当時すでに民主化運動、民族主義運動と呼ばれる運動が生まれていました。すべての集会は私の支援者の下で行われました。私は発言することを誰にも禁止しませんでした。私はこう言いました。私が集会を開催します、マイクは私の手元にあります。だから好きなことをしゃべってください、と。

私は完全な民主主義的人間で、民衆に耳を傾けなければならないという確固たる信念を持っています。権力は

コロステンでの市民集会。演台に立つのがヤツェンコさん

民衆のために必要であるということ、民衆に仕えるべきです、その反対ではありません。ソ連では80年代末に状況が非常に複雑だったのですが、私たちの地域ではチェルノブイリ事故でそれが増大されました。人々に耳を貸さないで、他人の意見を考慮しないで、正しい決断を得ることはできませんでした」

住民の要求の中で最も重要なものは、まず自分が住んでいる場所の汚染度を知りたいというものだった。ヤツェンコさんとマスカレンコさんはその要求にこたえるべく対策に取り組んだ。

行政の模索——住宅一戸ごとの線量測定

マスカレンコさんは行政のトップとして動き始めた。

「私たちは住民たちに補償する必要があると考えました。つまり、病気になる危険があり、問題があるのだから、その代わりに人々に何か与えなければならないと思ったのです。多くの社会問題を解決することが重要だと思いました。そこで私たちはチェルノブイリ原発の事故によって苦しんでいる住民のために一連の特恵的条件を得ることを目標としました。

基本的なデータはすでに私たちの手元にありました。気象庁から地図なども受け取っていました。私たちはその地図を掲示し、持っているデータを新聞にも掲載しました。さらに航空機から撮影した写真もありました。また「タイフーン」という科学企業体が土壌の調査を積極的に行っていました。どのくらいの放射性核種がどのようにして土壌に落下したのかという調査です。土壌の調査はほぼすべての住宅で行われました。1万軒の戸建住宅とおよそ1000の5~9階建ての集合住宅があり、彼らはその土壌の分析を行いました。より正確に言えば、土壌を採取し、研究所に持ち帰り、スペクトル測定を行い、そして市民防衛本部でそれぞれの住宅に対するパスポート（目録）を発行しました。

そのパスポートには、たとえば、『コロステン市、ゲルツェン通り6、以下のような土壌サンプルを採取し、等間隔方眼状の採取方式を用いた調査を行った結果、セシウム137、セシウム134、ストロンチウム、プルトニウムがそれぞれどのくらい検出された』などという風に書かれていました。そのパスポートは市民防衛本部に今も残っています。ですから私は今でも、コロステン市での調査は、もっとも詳細に行われたと確信しています」

汚染されていることが判明した以上、すみやかな対策が求められた。対策は生活のすべてに及ぶ広範なものになることが次第にわかってきたという。

「条件を整える必要がありました。除染作業の実施、食料品の管理、住民の健康状態の管理、恒常的な現状モニタリングなどです。そして最大限に市の社会インフラに資金を投入しなければなりません。道路のアスファルト舗装、屋根の葺き替え、これらも除染作業の枠内で行われました。それから公共事業に関する問題……。おそらく日本ではそのような問題はすべて解決されているでしょうから、この言葉はあまり皆さんの心に響かないかもしれませんが、私たちのところでは必要不可欠なものです。その他に賃金、社会保障の支払い、年金、公共設備、学校、幼稚園……あらゆる方面での補償です。

つまり、私がここに残るというのはリスクを負うことではある、しかし生活のための条件は整っているし、ここに住めるという情報もある。ここでこれから何が起こるかそのリスクをはっきり知っているが、それでも私はここで暮らす、なぜならここには多くの財産があるから——と、そういう風に人々が思うことを可能にするのです」

ヤツェンコさんは線量測定についてこう補足する。

「私たちは、コロステン市の各家庭の中庭の非常に綿密な調査を行いました。人々は本当の状態を知りたがっていました。汚染がまだらのようになっていることを記録しました。このとき風が強かったからです。まったく危険ではない区画もあれば、非常に放射線量の高い区画もありました。私たちは一軒一軒を調査しました。町の詳しい状況を知るためにです。自分たちで、町の一部の除染作業を行いました。つまり、自分たちで発見した最も汚染された区画を清掃しました。屋根から水が流れ落ちたところ、放射能が濃縮した下水溝のところを清掃しました。状況が少し良くなりました。そして町の中心に、コロステン市の放射線レベルを常時表示する電動の線量計を据えました。そしてチェルノブイリ原発事故について知っていることを最大限人々に話しました」

チェルノブイリ法の萌芽

ウクライナ人民代議員に当選したヤツェンコさんは、被災地である地元コロステン市の住民の要望をまとめてチェルノブイリ法の草案の作成に取り掛かった。

「市民の要望はラジカルなものから普通のものまでさまざまでした。最もラジカルな要望は、チェルノブイリ原発を閉鎖しなくてはいけない、稼働を停止して最大限の社会的補償をしなくてはいけないというものです。この地区の人々を全て移住させ、子どもの安全を保障するという具合です。社会的な支払いや全てを補償することです。私たちは全ての人の話を注意深く聞き、最も効果的な措置を作り上げようとしました。しかし、当然ですが、住民すべてをこの地域から移住させるのは不可能だったし、その必要性もありませんでした」

ヤツェンコさんは当時作成した草案を見せてくれた。数十ページにわたる冊子で、汚染地帯を放射線量によってゾーンに分け、各ゾーンで住民のさまざまな生活支援の補償を行うという、後のチェルノブイリ法の骨子となる考え方が記されていた。

2 全国的な運動へ

コロステン市のような住民の運動は他の被災地でも行われた。今まで騙されていたという住民の怒りと、ペレストロイカによるソ連の社会体制の変革のうねりが一体となって政府に迫ってきたのだ。

このような被災地住民からの動きをさらに広げていったのが、ウクライナで始まった環境保護運動であった。

環境保護運動はゴルバチョフ共産党書記長によって1986年にはじめられたペレストロイカにより全国で生まれていたものである。

ウクライナでは1987年に初めての市民組織「ウクライナ緑の世界」が作られた。リーダーは作家で疫学博士でもあるユーリ・シチェルバクさんである。

環境保護運動との合流

シチェルバクさんはウクライナを代表する作家の一人であり代表作に『チェルノブイリからの証言』がある。

チェルノブイリ補償に関する市民運動のリーダーでもあり、後に独立したウクライナで初代環境大臣を務めた。福島支援にも積極的で何度か日本を訪問している。また日本の研究者をウクライナに招いてシンポジウムを開いたり、チェルノブイリ被災地を案内して福島の復興を後押ししてくれている。

柔和な笑顔で私たちを迎えてくれたシチェルバクさんは、まず市民運動の始まりについて話してくれた。

「1987年、作家、研究者、社会活動家のグループは、『緑の世界』という環境組織を創設しました。われわれはこれらの組織を、社会主義体制に対抗するために組織しました。社会主義体制は人々の利益を考慮せず、核エネルギーを発展させました。ソ連政府の計画は巨大なもので、ウクライナでは、当時からあったチェルノブイリ原発とフメリニツキー原発以外にいくつか原子力発電所が建設されました。

クリミア、オデッサ、ハリコフ、ドニエプルのチヒ

ユーリ・シチェルバクさん

ルィーンに原発を建設することになっていました、これは巨大な計画で、非常に危険です。ウクライナの科学アカデミーはこれに反対を表明しましたが、ソ連時代の一党独裁状態で、社会の声を聞かない国家の下では、放射能の危険を証明することは非常に難しかったのです。そして、チェルノブイリ原発事故が発生したとき、ウクライナの国民の多くが、子どもをはじめとして非常に苦しむことになりました」

ソ連では原子力関連事項はすべて機密扱いであった。統括していたのは中型機械製作省であったが、そこでは秘密のマニュアルのみがあり法律は存在しなかった。

国家的論争への発展

1989年にソ連最高会議議員になったシチェルバクさんは、モスクワで積極的に情報開示を求め始めた。原子力安全小委員会の議長を務め、ノーベル賞を受賞した科学者サハロフ博士などと共に、議会で初めてチェルノブイリ問題について取り上げた。

「私は1989年にソ連最高会議議員に選出されました。私の公約は、有権者に真実を伝え、チェルノブイリに関するすべての資料から機密指定を解除し、あそこで何が起こったか、何が原因でどのような影響があるかをわれわれが理解することでした。

そしてわれわれは非常に活発に活動し、チェルノブイリに関する公聴会を開き、ソ連史上初となる議会公聴会でソ連保健大臣が発言しました。そして彼らは機密指定を解除することを約束しました。それまで誰も放射線レベルがどの程度か、どこが居住に危険か、どこが安全なのか、知らなかったからです」

ゴルバチョフが始めたペレストロイカにより、新しい社会への希望が生まれ、どのように社会を変革していくのか、白熱した議論が繰り広げられた。そんな状況の中でチェルノブイリ対策は進められていった。シチェルバクさんは続けた。

「チェルノブイリ原発事故の後、秘密の医学的指示や指令があり、どのような診断はしてはいけないとか、放射線量の記録の方法といったすべてが秘密とされました。われわれはゴルバチョフや政治委員会メンバーの陳述も聞きました。

大規模な論争がありました。私はあなたに正直に申し上げたいのですが、これら議論ではポピュリズムの嵐が吹き荒れました。どういうことかというと、大変多くの人々が被災者のために何かをしたいと思っていました。これはできたばかりの傷で、痛みが激しい民族の悲しみだったのです。数十万、数百万の人々が被害を受けたのです。

ウクライナでは消火作業に参加した数十万人のリクビダートルだけが被災したわけでなく、300万人以上が汚染地域に生活していました。彼らには何をしたらいいのでしょうか？ これらすべてが非常に難しい問題でした。人は1年間にどれくらい放射線被ばくを許容できるのか、そのコンセプトが非常に難しいものでした。事故当時出されたこれら秘密の基準の指示は、まるで戦時中、核戦争中のもののようで、民間人に対する基準は、何事もない平時の原発での個人被ばく線量基準を上回っていました。そのためこの問題は解決されなければなりませんでした。人間が1年間に許容できる生物学的被ばく線量がどれくらいか、さらに高い放射線を制限するにはどうしたらよいかをです」

非常時ではない平時に長期にわたって住民を放射能から保護する法律が必要とされていた。

3 「国家だけが責任を取ることができる」――法律の制定へ

このような被災地住民の要求にウクライナ共和国政府も動いた。当時のウクライナ共産党のトップにあたるウクライナ最高会議議長であったレオニード・クラフチュクさんに話を聞くことにした。クラフチュクさんは後に初代ウクライナ大統領となった人物である。

現在もウクライナ政権に影響力を持つクラフチュク元大統領のインタビューは20分だけと制限された。おつきの人たちを従えて現れた元大統領は、80歳という年齢を感じさせない歯切れのよい言葉でこちらの質問に丁寧に答えてくれた。話は事故直後の対応から始まった。

「私たちが放射線レベルに関する情報や、数世代にわたって起こり得る影響に関する情報、特にチェルノブイリが大きな影響を与えた地方で、人々がこの期間どれだけ放射能を浴びたのかという情報を入手したとき……これはウクライナにとって宇宙規模の悲劇だとわかりました。そして、チェルノブイリ委員会を立ち上げ、非常に念入りに、詳細に、今だけでなく遠い未来への影響も調査するよう命じました。私たちはウクライナの人々の遺伝子を保存しなければなりませんでした。被災地から最も深刻な被害を受ける可能性がある子どもたちを、移動させせなければなりませんでした。子どもたちは実際にとても苦しみました。チェルノブイリから避難させ、彼らのために新たな村を丸ごと建設し、家屋を建てました。州は独自の道路を建設しました。ドネツク州、ルガンスク州、ハリコフ州も村を建設しました。チェルノブイリの影響を直接受けなかった州は、チェルノブイリ被災者のための新しい村を建設するようにと決定したのです。家屋は快適で、人々が生活するのに必要な全ての条件が整っていました。当時、将来のウクライナ民族の面倒を国家でみようという原則があったのです。

チェルノブイリの悲劇に対して他の国からの援助もあ

レオニード・クラフチュクさん

りました。爆発した原子炉をウクライナや国民にとって安全な状態にするためです。でも人々に対する援助に関してはわが国家だけが、責任を取ることができるのです。全てが、人々の健康を維持し、人々が生活し治療を受けるために向けられました。もちろん、この援助のレベルは不十分でしたが、とにかく国民一人一人をこのつらい時期に援助しようと努力しました」

当時の国家のトップから「国の責任」という明確な言葉が発せられたとき、この言葉の持つ意味の重さが響いた。

クラフチュク最高会議議長は政府内にチェルノブイリ委員会を設け、チェルノブイリ被災者への補償を包括的に定義する法律の作成を命じた。

チェルノブイリ委員会の設立

1990年6月、12人の議員でチェルノブイリ委員会が立ち上げられた。議長に任命されたのは元ジャーナリストで作家のウラジーミル・ヤボリフスキーさんだった。ヤボリフスキーさんは現在もウクライナ議会の議員を務めている。

ヤボリフスキーさんはジャーナリストとして事故直後、チェルノブイリ原発に取材に向かった。

「5月5日、私は自分の自動車に乗って、チェルノブイリに出発しました。何が起こったのか全く知りませんでした。というのは、情報が隠されていたからです。ゴルバチョフは、万事うまくいっており、順調であると言いました。当時の首相、ルィシコフがやってきて、次のように言いました。『われわれはこの30キロ圏内を歯ブラシで2週間で洗い上げる』と。つまり嘘ばかり繰り返したのです。私は1カ月半の間、同区域にいました。そこから中央の新聞『プラウダ』、『イズベスチヤ』用のルポルタージュを送り、同年1986年に『世紀末のマリヤとヨモギ』という、チェルノブイリ原発事故に関する長編小説を書きました。チェルノブイリは私やキエフの人々にとって、いやキエフの人々だけでなく、文字通りウクライナ全土を震撼させたのです。

　政府内に作られたチェルノブイリ委員会では汚染区域から選出された議員がほとんどでした。全員がかなり被ばくしていたのです。原発事故現場では、作業員が普通のスコップで、1000レントゲン（10シーベルト）以上の放射性物質の破片を燃やしました。彼らには鉛のエプロンだけしか与えられていなかったのです。ですからチェルノブイリ委員会では皆、どうにかして人々を助け

ウラジーミル・ヤボリフスキーさん

たいという考えを持っていました。私たちは当時非常に勢いがありました」

地元住民の熱い思いを託された議員たちの法律案作成が始まった。

チェルノブイリ委員会でまず議論されたのは、どこが被災地なのかを決定することだった。

委員会議事録を探す――ウクライナ国立アーカイブ

私たちは議論の詳細を知りたいとキエフの郊外にあるウクライナ国立アーカイブを訪ねた。アーカイブはなかなか見つからなかった。探していると普通の建物の外壁に5~6種類の看板がかかっていた。その一つがアーカイブの看板だった。経済悪化で国立アーカイブも、部屋を貸して賃貸料でどうにか維持されているということだろうか。

アーカイブの中は暗く、暖房も十分ではなかった。働いているのは中年の女性ばかり、このような地味な仕事は若者には人気がないのだそうだ。

チェルノブイリ関連資料はまとめられているわけではない。年ごとにファイルされている政府の報告書や議事録の中から探し出さなくてはいけない。毎年さまざまな案件の膨大な資料が保存されている中から、チェルノブイリ委員会の議事録の一部を見つけることができた。閲覧記録を見るとこれまで誰も閲覧していない。このような貴重な資料なのにウクライナの研究者たちは一切手を付けていないようだ。まだ現在進行形の原発事故影響の対策中でそれどころではないのかもしれない。

私たちが入手した1990年9月14日の議事録を見てみよう。

線量基準をめぐる議論

被災地決定において重要なことは許容範囲の放射線の基準値をどこに引くかである。当時はソ連の放射線の権威である科学アカデミー副総裁のイリイン博士が生涯350ミリシーベルト、70年生きるとして大雑把にいうと年間5ミリシーベルトという基準を提唱していた。しかし世界ではチェルノブイリ事故の前年1985年に、国際放射線防護委員会（ICRP）が年間1ミリシーベルトとの声明を出していた。

チェルノブイリ委員会でも委員たちが線量基準の難しさを語っている（以下、議事録より）。

バリヤフテル　ウクライナ科学アカデミー副代表「空

チェルノブイリ委員会

気や水や食物が人体に与える影響を総合的に判断して、最も低い値をとる必要がある。リスクゾーンからは避難する必要がある。しかし、世界ではまだ高線量、低線量の危険性がくわしくわかっていない。低線量の人体への影響が解明されていないのだ。みなさん、ここではあなた方の政治的な決定が必要なのです。１００万人の避難が必要かもしれないのです」

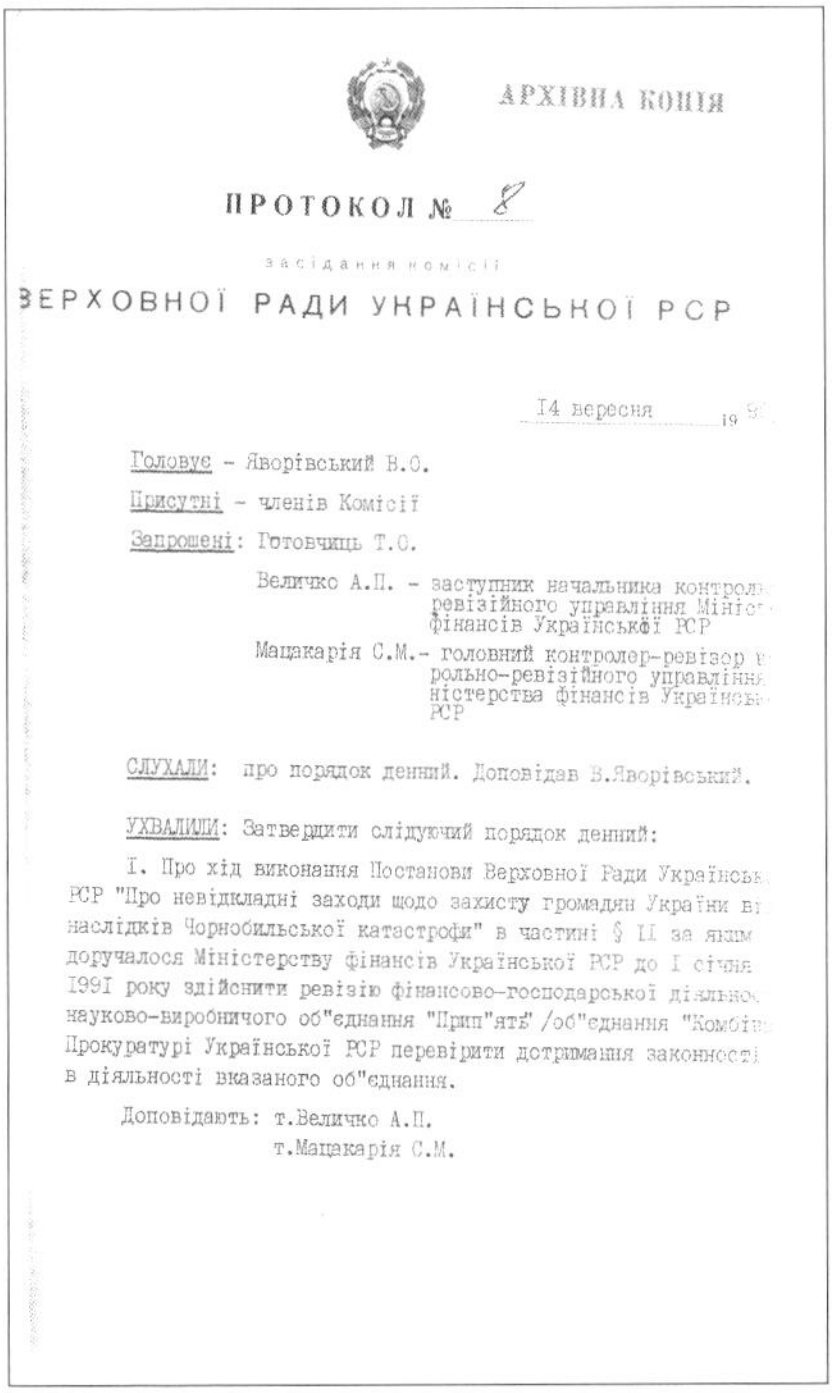

АРХІВНА КОПІЯ

ПРОТОКОЛ № 8

засідання комісії

ВЕРХОВНОЇ РАДИ УКРАЇНСЬКОЇ РСР

14 вересня 19

Головує – Яворівський В.О.

Присутні – членів Комісії

Запрошені: Готовчиць Т.О.

Величко А.П. – заступник начальника контрол ревізійного управління Мініст фінансів Українськфї РСР

Мацакарія С.М.– головний контролер-ревізор к рольно-ревізійного управління ністерства фінансів Українськ РСР

СЛУХАЛИ: про порядок денний. Доповідав В.Яворівський.

УХВАЛИЛИ: Затвердити слідуючий порядок денний:

І. Про хід виконання Постанови Верховної Ради Українськ РСР "Про невідкладні заходи щодо захисту громадян України ві наслідків Чорнобильської катастрофи" в частині § ІІ за яким доручалося Міністерству фінансів Української РСР до І січня 1991 року здійснити ревізію фінансово-господарської діяльнос науково-виробничого об"єднання "Прип"ять" /об"єднання "Комбін Прокуратурі Української РСР перевірити дотримання законності в діяльності вказаного об"єднання.

Доповідають: т.Величко А.П.
т.Мацакарія С.М.

1990年9月14日のチェルノブイリ委員会議事録

バリヤフテル　ウクライナ科学アカデミー副代表

ヤツェンコ人民代議員

ヤボリフスキー議長

ヤツェンコ人民代議員「何か今まで言われてきた放射能の害のほかに新しい害が存在するのでしょうか」

バリヤフテル「すべて害があるのです」

ショフコシトヌイ人民代議員「ではどうやって住民を守っていけばよいのだ」

スピジェンコ人民代議員「放射能の許容限度についての統一見解がないということか」

ヤツェンコ「それだから、緊急に住民を保護するプログラムの作成が求められるのだ」

ゴトフチッツ人民代議員「線量計測をしてリスクゾーンを確定し住民の生活を保障しなくてはいけない。そして情報公開が必要だ。すべての問題を社会的、心理的側面から決定しなくてはいけない」

始まったばかりの委員会では線量基準の決定について戸惑う議員たちの声が記されている。

結論のない問題、切迫する状況

議論をリードしたのは当時ウクライナ科学アカデミーの副代表だったビクトル・バリヤフテルさん。今も現役でアカデミーに籍を置いている。専門家として当時の決定についてこう説明する。

「多くの地域で人々は主要な放射線被ばくを最初の1カ月でしていたのです。最初の1カ月で、ヨウ素やセシウム、ストロンチウムによって受けた放射線量は、当時一生で350ミリシーベルトと計算された年間被ばく線量の約70%ほどだと考えています。イリイン博士のいう年間5ミリシーベルトではなく1ミリシーベルトとすれば、基本的な線量を彼らはすでに被ばくしているということになってしまいます。

もうひとつ、なぜ、私やウクライナの最高会議の大多数が5ミリシーベルトに反対したのかというと、理論が

ビクトル・バリヤフテルさん

正しいことと、心理的ファクターは別問題です。もしわれわれが、ソ連指導部が提唱していた5ミリシーベルトの5分の1である1ミリという基準をだせば、ウクライナの人たちは、われわれが彼らの面倒を見ていると感じるのです。われわれが彼らの利益を守っていると安心し、不安に陥らなくて済むのです。このような心理的ファクターは日本でも重要だと思います」

この時ウクライナの科学者の中でもさまざまな意見があった。ウクライナ放射線医学研究所で当時若手の研究員としてこの議論を注視していた研究者のドミトリー・バジクさんを訪ねた。現在、バジクさんはウクライナ放射線医学研究所教授として、日本の研究者とも交流しながら放射線についての研究を進めている。

「もちろん、少量の放射線でも人体に影響を及ぼします。『低線量被ばく』という科学的な概念がありますが、ある国際的な文書では、低線量とは200ミリシーベルト未満だとされ、別の文書では100ミリシーベルト未

ドミトリー・バジクさん

満と書かれています。基本的に、この100ミリシーベルトは、放射能と関連した疾病が進行するための何らかの閾値となりうるかもしれません。疾病は、100ミリシーベルト未満の放射能と関わりがありうるのでしょうか？　はい、もちろんありえます。なぜなら住民の放射能の感受性はさまざまだからです。そして私たちは、はっきりとした境界線を引くことができません。これより低ければ病気にはならず、高ければ病気になるといったようには言えないのです。これはいつでも、線ではなく、幅の広い帯であり、その中に一方向または別の方向に偏りがあるものなのです。たとえば、放射能が少量でも腫瘍免疫を刺激するというデータが非常に多くあります。ですが、ここにもまたバランスの問題があります。放射能は一方では腫瘍からの保護を促進しますが、もう一方では腫瘍細胞もまた刺激され、増加します。そしてこのバランスが常に存在しています。人体内で、一方に偏ったり別の方へ偏ったりするかもしれない、このような均衡を常に探しているのです。非常に複雑なのです」

委員会では科学的に放射線のさまざまな影響が証明されるのを待つ余裕はなかった。被災者たちは、今日の援助を待っていたのだ。ヤボリフスキー チェルノブイリ委員会議長は法律作成と並行して、ソ連中央政府に被災者への緊急の支援を訴えている。

チェルノブイリ法審議中の1990年11月5日のヤボリフスキーからソ連首相ルィシコフあての文書がウクライナ国立アーカイブに保存されている。

「1991年から93年までの間にキエフに700戸の住居建設をお願いします。1986年に高汚染地帯から避難して現在仮住居に住んでいる避難民用です」

クレムリン中央政府からの返信は「1990年11月20日付。ソ連保健省、ソ連労働省、原子エネルギー省はこの問題に関して、現在進めているソ連チェルノブイリ法の成立後に検討する」というものだった。

同じ頃、ウクライナ共産党書記のルツェンコもソ連閣僚会議宛に次の文書を送付している。

「1990年12月28日付。チェルノブイリ事故で危機的状況に陥っています。事故後の対策がとられず、安全な移住地域も確定されず、線量計さえありません。労働者の放射能による汚染も放置されています。住民への補償、情報提供をお願いします」

これに対しクレムリンから1991年1月、次の返事が送られている。

「現在政府ではチェルノブイリ被災者への法律を作成中である。その法律で、被災者は各カテゴリーに分類され、それぞれに国家補償を受けるようになる」

ソ連中央政府は法律準備中ということで実際の援助を引き延ばしていた。

ウクライナではソ連の法律作成を加速させるためにも、独自の法律作成を急ぐことにした。

チェルノブイリ法の成立——1ミリシーベルトという選択

1991年2月5日、ウクライナ チェルノブイリ委員会の最終会議が開かれた(以下議事録より)。

ヤボリフスキー議長「色々な意見がある中で、われわれは人道的視点から年1ミリ、生涯70ミリシーベルトに抑えることに合意しよう。最もリスクを負った1986年生まれの子どもを基準にしている。子どもたちは大人の10倍も影響を受け入れやすいからだ。避難は二つのレベル、強制レベルと自由意志のレベルで行う」

ヤツェンコ人民代議員「この法律は、コロステンなど被災地住民の気持ちを反映したものです。住民は国家が守ってくれると期待しています。彼らの期待を裏切らないでください。住民の健康を一生守るためにはこの法律が必要です」

ボンダレフ人民代議員「この法律は生活に不可欠のものであり、被災者が待ち望んでいるものだ。この法律は被災者への恩恵ではなく人々を困難に追いやった国家の義務である。この法律は『チェルノブイリ事故被災者の権利の法』と名付けるべきである」

バリヤフテル ウクライナ科学アカデミー副代表「医学的な問題について私はこう考える。わが国だけでなく世界で低線量については信頼できるデータは存在しない。わが共和国では、ヨウ素に被ばくし移住した人10万人、移住していない人15万人がいる。原発作業員、リクビダートルも治療が必要だ。彼らは7年後位から白血病を発症するかもしれない。医師の養成が急務だが、そのためにも、この法律を採択することが求められている」

ボンダレンコ人民代議員「人々を移住させることになった場合どれくらいの期間、移住させるのだろうか。わが国の誰もそれを知らないのだ。実際とても複雑な問題だ。」

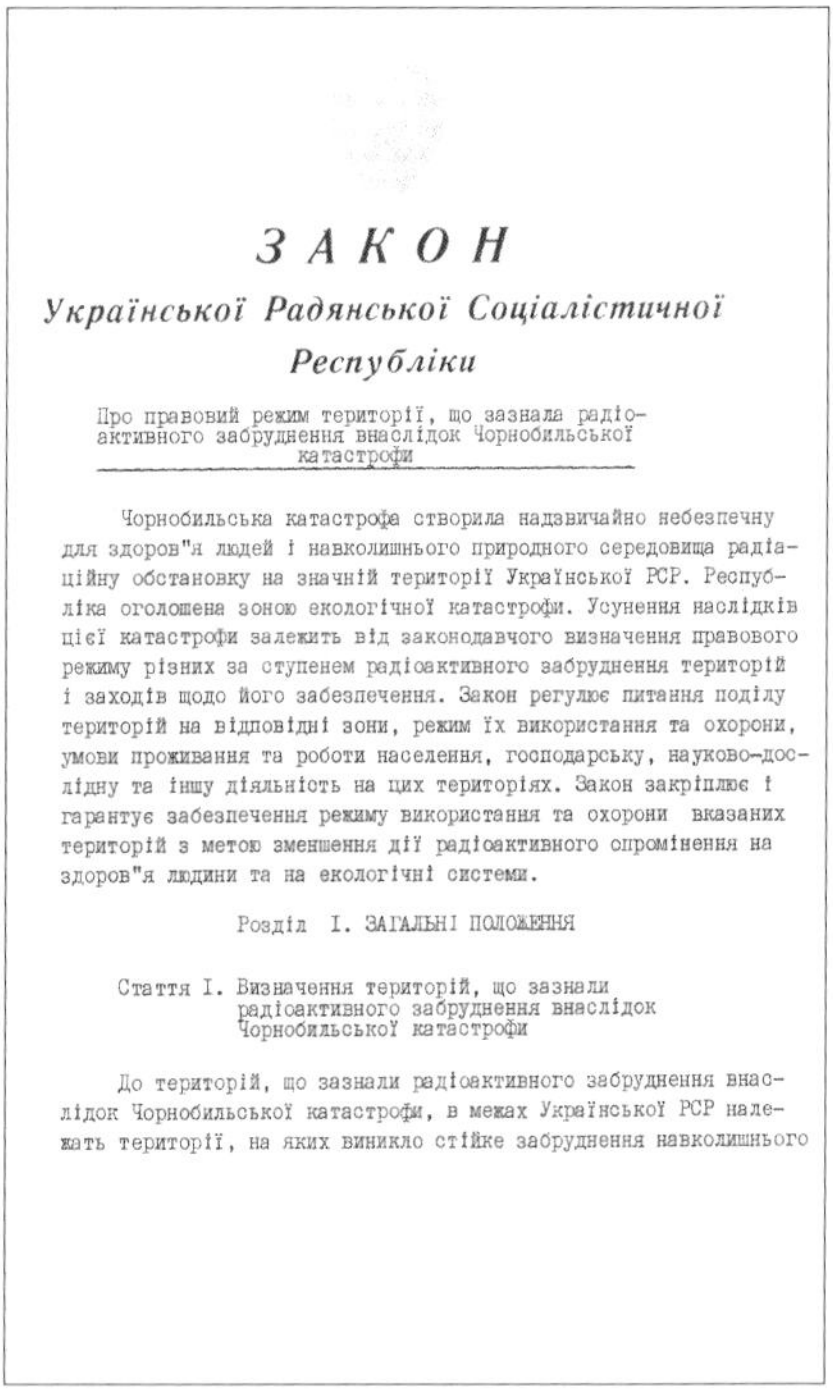

ЗАКОН

Української Радянської Соціалістичної Республіки

Про правовий режим території, що зазнала радіоактивного забруднення внаслідок Чорнобильської катастрофи

Чорнобильська катастрофа створила надзвичайно небезпечну для здоров"я людей і навколишнього природного середовища радіаційну обстановку на значній території Української РСР. Республіка оголошена зоною екологічної катастрофи. Усунення наслідків цієї катастрофи залежить від законодавчого визначення правового режиму різних за ступенем радіоактивного забруднення територій і заходів щодо його забезпечення. Закон регулює питання поділу територій на відповідні зони, режим їх використання та охорони, умови проживання та роботи населення, господарську, науково-дослідну та іншу діяльність на цих територіях. Закон закріплює і гарантує забезпечення режиму використання та охорони вказаних територій з метою зменшення дії радіоактивного опромінення на здоров"я людини та на екологічні системи.

Розділ I. ЗАГАЛЬНІ ПОЛОЖЕННЯ

Стаття I. Визначення територій, що зазнали радіоактивного забруднення внаслідок Чорнобильської катастрофи

До територій, що зазнали радіоактивного забруднення внаслідок Чорнобильської катастрофи, в межах Української РСР належать території, на яких виникло стійке забруднення навколишнього

チェルノブイリ法1ページ目（チェルノブイリ大災害により放射性物質で汚染された地域の法制度についてのウクライナ法）

ショフコシトヌイ人民代議員「私はモスクワのソ連最高会議委員会から帰ったばかりだ。チェルノブイリ法案について審議されていた。われわれは生涯7レム（70ミリシーベルト）で合意をしようとしていた。しかし、そこでイリイン博士がそれは非科学的で、科学的なのは35レム（350ミリシーベルト）との概念を主張した。

しかし、ウクライナ、ベラルーシ、ロシア共和国代表がイリイン博士に反対した。各共和国は自ら決定することにした。われわれの基準は年0・1レム、1ミリシーベルトだ。1986年に生まれた子どもが生涯7レム（70ミリシーベルト）を超えてはいけないということだ」

ボンダレンコ「われわれの委員会はすべての測定や共和国内の作業状況に責任を負う高度な機関を設けることにしよう」

大きな反対もなく、この日、チェルノブイリ法は、放射線許容線量基準1ミリシーベルトで決議された。この後チェルノブイリ法は2月27日に議会承認を得て5月の施行となった。

4 被ばく線量をめぐる葛藤

チェルノブイリ法の第1章第1条には、放射性物質汚染地域とされるのは、住民に年1ミリシーベルト超の被ばくをもたらし、住民の放射線防護措置を必要とする地域である、と記された（汚染地域制度法）。追加被ばく線量により地域が分類される際、どのように線量を測るかについては、各個人の被ばく量測定が困難であることから、決議には、被ばく線量が確定されるまで、区域の分類や避難について決定するために放射線核種による土壌の汚染度を利用することができる、と付記された。また、1ミリシーベルトの許容レベルは1991年以降が対象であるとされた。

人々を守るという信念

　コロステン市出身のヤツェンコ議員もチェルノブイリ委員会のメンバーだった。

　1989年の汚染地図公開からコロステン市住民の不安と怒りに向き合い、その声をどうにか政府に届けたいと努めてきたヤツェンコさんにとってようやく実った法案だった。

「委員会の多くの議員は学歴からして原子力の専門家ではなく、私は機械技術者で、後で法律の教育を受けました。しかし、私たちはこの問題に取り組みました。専門家の声を聞きながら法案を作りました。ソ連では当時この問題の主要な専門家はイリイン博士でした。35レム（350ミリシーベルト）の概念において彼は非難されました。ウクライナの科学アカデミー副代表ビクトル・バリヤフテルは直接私たちと活動しました。私たちは学者

ウラジーミル・ヤツェンコさん

たちの意見を聞き、まったく違った意見、違った立場の話を聞き、最も受け入れられる基準を作りました。もしかしたら、少し厳しい基準を設定したのかもしれません。しかし、人々を守るという大切な信念に従ったのです。

私たちはとても白熱した議論をしました。ウクライナは大きな国で、広い領土を持っていたので、より厳しい基準をとることができたのかもしれません。国には膨大な資源がありました。国は豊かで、盗んでも盗み切ることはできないと言われていたのですよ。しかし最も重要なのは、この事故が例のないものだったことです。チェルノブイリ事故まで、世界ではこのような事故がありませんでした。スリーマイル島事故がありましたが、これほど大規模ではありませんでした。ですから私たちは最大限のアプローチを策定しました。強調しますが、私たちは人々の健康に与えられるネガティブな影響の全貌をまだ知らず、そのため住民を最大限に安全にするために、国の資源に基づいて、最大限の基準を定めました。将来、私たちが間違っていなかったという結論を引き出すことができると強く思います」

線量基準決定の際の科学的な根拠についてヤツェンコさんは、こう付け加えた。

「チェルノブイリ原発事故後、最初の数年は、世界の研究者の誰一人としてははっきりしたことを言えませんでした。チェルノブイリ原発事故後10年たって、私たちはベラルーシやウィーンで開かれた会議で、放射線の否定的な影響を論じました。そのときも世界の医学においても臨床においても、否定的な影響についての統一見解はありませんでした。英国からだったと思いますが、出席者の一人の医者がこう言いました。『私はネズミで実験したが、このような放射線量はネズミに影響を及ぼさないことが示された。だからウクライナに関する被害の話は間違っている。プリピャチ市には人が住むことができる』。私は、この医者に言いました。『誰もあなたがあちらへ行くのを邪魔しませんよ、私たちはプリピャチ市にあなたのために住居を提供しましょう。どうぞ、行って住んでください、何の問題もありません』と。

しかし、世界の医学界が放射線の影響を認めているものもあります。それは甲状腺がんです。なぜなら、がんが数十倍に増加したからです。これはヨウ素の影響です。それ以外にウクライナの研究者は神経系、消化器官、血管やその他についても放射線の影響があると報告書に記しています。しかし今日まで論争は続いています。ですから私はもう一度強調します。国の持つ最大限の可能性で、人々を最大限保護することが必要なことは明白です」

政治を動かした民意

1ミリシーベルトという基準について、ウクライナ放射線医学研究所のバジクさんは専門家の立場からこう語る。

「この二つの指標1ミリと5ミリは、どちらも、人間の最大限の安全を保障するために計算されたものです。1ミリシーベルトでは何も起こりません、実質的に何も起こりません。5ミリシーベルトでは、ウクライナで管理された汚染地域の住民はこのような線量を被ばくしていますが、とにかく、国民レベルでの特段の変化は見つかりませんでした。そのため、基本的に1ミリと5ミリの間の幅は、安全であると言っていいでしょう。ですが、もちろん1ミリシーベルトは、確実に安全であり、この線量ではいかなる放射能の影響もありえません。

さまざまな研究を行いましたが、統計的に信頼できるなんらかの変化は見つかりませんでした。そのため申し上げるのは非常に難しいのですが、たとえばチェルノブイリ原発から30キロメートル圏内で働く人々が5年間で100ミリシーベルト以上を被ばくすれば、彼らに放射能による変化が見つかります。それより少なければ、その変化は人体が自力で回復できるようなものです。

変化というのは疾病ではありません、無症状の変化のことです。この変化は血液のいくつかの指標、抗酸化作用の活性化、免疫系の活性化、たとえばいくつかの変異の発生の増加、細胞遺伝学的異常などのことです。

ですから委員会の決定は、住民を放射能から最大限保護することを目的とした、科学的データに基づいてとられた政治的決定でした。住民を放射能から保護するためのものでした」

科学者の中でさまざまな、時には対立する意見のある中で、専門家でない政治家が法律を決定しなくてはいけないケースはウクライナに限らず日本でも多々あるだろう。

その時、何を基準に政治家は議決するのか。そこには、彼らを政策の場に送り込んだ住民の意思が強く反映されなくてはいけない。ウクライナ チェルノブイリ委員会のメンバーの決定を左右したのも、まさしく当時の被災者たちの民意であった。

5　移住の権利について

チェルノブイリ委員会では線量基準と共に被災者の移住について決定された。5ミリシーベルト以上は移住の義務があり、1から5ミリシーベルトで移住の権利を人々に与えようということになった。コロステン出身のヤツェンコさんは、これは被災者の希望を最大限に考慮したものだという。

「私たちは住民に自分で結論を出す可能性を与えました。もし心理的に、この条件下での生活を送ることが正常にできない場合、その人は移住する権利があります。国は住居を提供します。汚染地域に持っている現在の住居は、地元行政の所有物になります。この条項は人々が、自分のことを農奴だと感じないために作りました。国が汚染地域に人々を閉じ込め、そこから出ていくことはできないといった状態にしないようにです。居心地が悪いと感じ、ここで自分の将来が見いだせないと思うなら出ていく権利があるということです。

もし人が慢性的なストレスの下で生活するとしたら、これもまた健康状態に影響を与えます。多くの人にとって放射能スポットでの生活が健康への脅威となっていたのですから、移住を望む人は移住させましょうということです」

コロステン市の人々の選択

実際に被災地の住民たちにとって、移住の権利はどのような意味をもちどのように実施されたのだろうか。コロステン市のケースについてマスカレンコ市長に聞いてみた。

「移住の順番については、移住したいという住民一人一人に書類を作成するという形で調整していました。移住したい人は、たとえば、私はクリボイログに、あるいはマリウポリに行きたいと言って、書類を提出します。私たちはそれを州執行委員会に提出しました。委員会がこの問題をより全体的に管理しました。州執行委員会は指令書を手渡します。イワノフさんはマリウポリに移住するので現地で住居を与えてください、という指令書です。申請した住民はこの指令書を持って、マリウポリに行き、住居取得のための申請をし、こちらに戻ってきて、住居を受け取れる順番が来るのを待ちます。こちらで待つのが嫌だという人は、自分で現地に行き、部屋や家を借りることもできました。しかし実際にはそのような部屋や家はたくさんなかったので、住民たちはこちらで待つことになりました。

住宅が完成すると、住宅が準備できたので移住してきてもよいという連絡がきます。そして、連絡を受けた人は現地に向かい、住宅を見て、それから一連の書類を持ってきます。家族構成、住んでいた場所などが書かれた書類です。それは、どのような住居が必要かということを決定するために必要なものです。こちらの住居を引き渡してもらい、私たちは住民が提出した書類を返却します。その住民はマリウポリに移住し、そこで住宅を受け取り、つつがなく生活を送るという風です。

統計ではコロステンから4000人以上が移住しました。残念ながら、もちろん住民を良いとか悪いとか区別するのは正しいことではないと思いますが、リスクの度合いを理解していた専門家たちがまず移住していきました。つまり技師、医師、教師たち、つまりあらゆる市、あらゆる居住区に必要な、専門家というカテゴリーに含まれる人々です。そういう人たちが最初に移住したので、私たちは多くの組織に影響が出ていることを実感しました。その後、労働者たちも移住しました。

住民たちの間ではパニックが広がっていったのです。避難しなければ、明日にも死んでしまうなどと言う極端な人もいました。一方で矛盾した事態も起こりました。ここから退去した人たちが、ここに残った人よりも先に亡くなってしまうということがあったのです。移住した人が先に亡くなったのは、生活環境をすっかり変えてしまったからだろうということでした。たとえば私たちの地域は湿原性低木林地帯で、林があり、生活環境は穏やかです。しかし移住した先は、たとえばニコラエフ、ヘルソンなどステップ地帯で、ここことはまったく違う生活を強いられます。コロステンではきのこや木の実など、森が食べ物を与えてくれます。空気もまったく違います。それで、移住した場所に適応できなかった人もいます。とりわけ高齢の人たちは生き延びることができなかったのです。彼らは放射能というより、郷愁が原因で亡くなっていきました。何千年もずっと守ってきた自分や家族の生活環境を変えたからです。

ですからこれも重要なことで、また一般的な理論になりますが、こうした部分は社会学者、心理学者などが研究、調査する必要があり、モニタリングを行い、きちんとした学術的結論を導き出す必要があります」

市長の苦悩

確かにウクライナ社会科学研究所でも、移住した人たちのストレスが高く、健康に悪影響を与えているという研究がされていると聞いた。まだデータがそろっていないが、研究中であるという。またマスカレンコ市長は行政の長としての立場から移住に否定的だ。

「放射性核種の本質というのは何でしょうか。風が吹くと、それはけしの実のように飛んでいきます。風で運ばれた放射性核種は、あちらこちらに落ちました。もしかすると発電所のすぐ近く、たとえば2キロメートル、3キロメートルという地点に汚染されていない箇所が見つかることがあるかもしれません。あるいは逆に原発から200キロメートル離れたところに汚染部分が見つかるかもしれません。ですから、調査する必要があるのです。第一の条件は正確に調査することです。ゾーンの区分による調査も絶対的なものではありません。

私には自分の考え、理論がありました。すべての土地を壊滅状態にすることなどできないからです。何らかの方法で開発しなければなりません。

チェルノブイリ法は素晴らしいものです。お金も受け取りました。その額は数十億単位ではなく、数兆にのぼると思います。当時はさまざまな意見があり、コロステン市全体を移転するという意見もありました。当時、人口は7万4000人でしたが、市そのものを移転させ、どこか新しい汚染されていない土地に都市を建設するのには30億ドルが必要です。

みんなで検討し、考えました。どうやったらそんな巨額の資金を得ることができるのか。工場はどうするのか、通信はどうするのか、雇用はどうやって保障するのか。

結局それは無理な話だということになりました。

でも私たちは国家にとって厄介者の寄生虫になるわけにはいきません。自分たちのお金は自分たちで稼がなければならないのです。私はコロステン市に自由経済圏を創設することを条件に、(チェルノブイリ法に定められた)社会的な特恵的条件を辞退するという提案もしました。しかし結局、私が思っていたような形にはなりませんでした」

市長として住民の命と健康を守りたい、と同時に住民が生まれ育った町を失いたくない。そのためには住民に町に残ってほしい。矛盾する思いの間でマスカレンコさんは悩み続けた。どのように住民の不安を減らし、町を発展させていけばよいのか。4000人の人たちが移住していき、縮小を続けた町の再興には巨額の資金が必要だった。

6 予算調達という大問題

チェルノブイリ法では、個人だけでも、およそ300万人が何らかの補償をうけることになる。その莫大な予算についてチェルノブイリ委員会ではどう話し合われたのだろうか（以下、1991年2月5日議事録より）。

ヤボリフスキー議長「このチェルブイリ法に関してはソ連中央政府が資金を供出する。われわれが莫大な資金を出す必要はないことを申し上げたい」

レム人民代議員「モスクワから資金が来なかった場合この法律は機能するのか。その保証はあるのかお聞きしたい」

ヤボリフスキー「重要な質問だ。これから詳細を検討していく。ソ連政府もいずれ同様の法を制定するだろう。そのためにも、この法律は無駄ではないのだ。中央政府はこの法に従って資金を提供するだろう」

ボンダレンコ人民代議員「実際とても複雑な問題だ。どれだけの人をわれわれは移住させるのだろうか。移住には毎年大きな資金がかかるだろう」

予算についての討議の記述は少ない。バリヤフテルさんは、当時の委員会内の様子をこう語る。

「正直に言いますが、（予算については）大規模な議論はありませんでした。われわれは補償をできるだけ多く与えるよう主張しました。私はどうだったのか正直にいいますよ、われわれは人々の健康のことを非常に心配していました。主要課題の一つが、人々が汚染されていない食品を購入できるよう、そして健康に暮らせるよう、十分なお金を彼らに与えることだったのです。これはもっとも重要なことでした。

ですが、当時われわれはソ連時代の経済から別の経済へ移行するということを知りませんでした。私と仲間たちは、ソ連という枠内で可能だったことが、資本主義の枠内で可能というわけではないことが、わかっていませんでした」

議長だったヤボリフスキーさんも、

「ソ連邦予算から出すのが当然でしょう。彼らがウクライナに原発を建設したのですから。キエフからたった１２０キロメートルの距離に原発を作ったのは、ウクライナ政権の決定ではありません。それに当時、ウクライナが独立するとは思っていませんでした。皆、ソ連は存在し続け、少し民主化すると思っていました。連邦予算からといっても、当時ソ連は15共和国を抱える巨大な国でした。なので、意識しなかったですし、このことを考えたくありませんでした。これが真実です。

正直に申せば、この法案を独立宣言時に採択していれば、われわれも少し控えめにしたと思います。

でも当時はソ連時代でした。これはソ連全体の連邦予算だったのです。最高会議のクラフチュク議長自身、そして委員会議長の私は、当時、『これはソ連邦予算から出さなければならない』と宣言しました。そして、私たちは正しかったと心から思っています」

世界数十カ国の社会主義の国々を束ね、そのリーダーであったソ連が崩壊するとは確かに当時予測できなかったろう。ソ連邦の経済は計画経済。国家計画省において5カ年計画など、経済の隅々まで計画が立てられ、全国に予算が配分されていたので、ウクライナがチェルノブイリ対策費はモスクワから配布されると考えるのも当然であった。

この時モスクワ、クレムリンではチェルノブイリ対策費についてどのような対応がとられていたのか。

経済危機下のソ連で

モスクワの国立公文書館にソ連時代の政府文書が保存されている。ここでもチェルノブイリ文書としての分類はない。当時の政府文書のなかから、いくつかのチェルノブイリ関連資料を探し出すことができた。

そこからは崩壊直前のソ連経済の危機的状況が見える。

ウクライナでチェルノブイリ法案が可決された1991年2月、ソ連対外経済銀行は副首相あてに次のような文書を送っている。

「2月19日付。ソユーズエクスポルトに3万4000ルーブル、テクノインストラクトに18万5000ルーブル支払った。現在わが国は外貨が危機的状況にある。1月は最悪で、2月は海外駐留のソ連軍の維持のみ対応可能な状況である」(1ルーブル=245円。1991年4月ソ連国立銀行公正レートによる。しかし実際のレートは大幅に異なっていた)

そして3月27日、首相あての文書。「チェルノブイリ対策の住居、医薬品のために石油を外貨に転換してほしい」

そしてソ連国内だけでは資金調達は難しいと、海外からの援助も模索されている。ソ連財務省の支援を受けたチェルノブイリ同盟から、ゴルバチョフ大統領夫人ライサさんへ宛てた文書が保管されていた。

「チェルノブイリ対策のため『チェルノブイリの子どもたち基金』を創設します。子どもたちの治療のための外貨調達が目的です。1991年より国際宝くじを行いたいと思います。集まった資金は病院、医薬品、非汚染食料に使用します。この基金については、すでにアメリカ、ヨーロッパ、日本などと話が進んでいます。つきましては、あなたのこれまでの国際貢献を高く評価し、この基金の代表になっていただきたい」

ソビエト70年間の社会主義の中で硬直した経済システム、アフガニスタン侵攻による膨大な戦費で、ソ連経済は破綻寸前だった。その中で、政府はチェルノブイリ対策費の調達に必死になっていたのだ。

ウクライナ、ベラルーシに続いてソ連チェルノブイリ法は1991年5月29日に制定される。さっそく必要経費が試算されている。

「1991年6月18日付。制定された法律に必要な資金は103億ルーブルだ。しかしいま用意できるのは69億ルーブルだ。各共和国に早急に予算を見直すように要求する」

しかし、ウクライナ政府はすぐに次の文書をクレムリンに送っている。

「1991年6月18日付。制定された法律実現にはウクライナは51億ルーブルが必要だ。しかし現在支給されているのは6億ルーブルである。これでは社会が不安定になる。ウクライナ閣僚会議はこの問題の早急な審議を強く要求する。この問題が解決されない場合、ウクライナの各企業利益のソ連中央政府への送付を減らさざるを得ない。　ウクライナ第一首相　マシック」

しかし、ソ連政府においても無い袖はふれないという状況だった。

「1991年9月11日財務省報告書。チェルノブイリ法施行に関して47億ルーブルの追加予算を組む。国家の生産性は落ちており、国家予算は莫大な負債を抱えている。チェルノブイリ事故対策へのこれ以上の予算供出は不可能だ」

一方引き続き海外からの資金調達も試みられている。

「1991年1月26日付。チェルノブイリ犠牲者を助けるため、日本赤十字に被災患者と被災地の医師を日本に招待してもらう。韓国から1億3000万ドルのクレジットを行う、これは医薬品や食料にあてる」

さまざまな方法で資金調達を図ったソ連政府だが、結局必要経費の確保はできなかった。
そして、誕生したばかりのチェルノブイリ法は、その後の大きな時代の変化に翻弄されていく。

（馬場）

第4章 チェルノブイリ法が目指したもの

1 被ばく基準をめぐる事故後の議論 ——「1ミリシーベルト」基準の成立まで

「コンセプトの基本原理は、住民のCritical group（1986年生まれの子ども）にとってそれぞれの地域での自然条件で事故前に住民が受けていた被ばく量を超えるチェルノブイリ原発事故と関連した追加被ばく量の実効線量当量が1ミリシーベルト／年そして70ミリシーベルト／生涯を超えないことである」

これはチェルノブイリ法の基本原則を定めた一文である（傍線筆者）。

分かりやすい言葉で言えば、「事故の年に生まれた子どもに、1年間で1ミリシーベルト／年を超える被ばくをさせない。生涯70ミリシーベルトを超える被ばくはさせない」という約束である。1991年2月27日の最高会議決議（第2章解説1参照）がこう定めた。

チェルノブイリ法は事故による追加被ばく量をできる限り「1ミリシーベルト／年」以下に抑えることを目指す。被ばく量が「1ミリシーベルト／年」を超える地域に「移住の権利」を認めるのも、この原則に基づいてのことである。住民に汚染されていない食品を供給する方針も、できる限り内部被ばくを減らし、被ばく量を「1ミリシーベルト／年（70ミリシーベルト／生涯）」以下に抑えるためである。

「70ミリシーベルト／生涯」を過剰に上回る被ばくを受けた被災者（事故処理作業者等）は、医薬品が無料になり、特別な療養を受けることもできる。

チェルノブイリ法の支援策全体が、この「1ミリシーベルト／年」という基準を軸に組み立てられているのだ。

なお、独立後のウクライナの放射線防護法（1998年）でも、「1ミリシーベルト／年」を平時の住民の被ばく限度としている。1ミリシーベルト基準を「ソ連末期の混乱のなかポピュリズムの圧力で定められた」とする指摘があるが、それは当たらない。チェルノブイリ法ができて、7年後、ウクライナはあらためて全国民の基準として「1ミリシーベルト」を採用している。

国際放射線防護委員会（ＩＣＲＰ）は、すでに1985年のパリ声明で、「1ミリシーベルト／年」

を平時の一般住民の被ばく基準としていた。しかしチェルノブイリ事故が起きた1986年の時点で、まだソ連には「1ミリシーベルト／年」を明文化した基準はなかった。

事故により多くの住民が、極めて高い被ばくを受けた。原発事故という非常事態において、住民の被ばくをどの程度許容するのか。事故が収束に向かう段階では、どの程度住民の被ばくを防げるのか。国民に広く受け入れられる基準がなかった。

チェルノブイリ事故時の放射線安全基準

当時のソ連では「放射線安全基準（NRB）」という文書が、「これ以上被ばくしてはいけない」という限度を定めていた。1986年のチェルノブイリ事故後は、「NRB76／87」（1976年の放射線安全基準の改訂版）が最新の基準であった。

この「安全基準」は市民を以下の3グループに分けて、それぞれに被ばく限度を定めるものだった。

A　専門従業者（原発従業員など）
B　一部の住民（核施設周辺住民など）
C　一般住民

原発や核施設の専門従業員（A）に対しては、限界許容被ばく量が「年間50ミリシーベルト」。これは、50年間勤務することを前提にした基準。

原発周辺住民など（B）に対しては、5ミリシーベルト／年が被ばく限度であった。これは特に、放射線被ばくを受けやすい条件で生活する人々だ。一般の住民よりも、被ばく源に近い。そのため例外的に、一般の住民よりも高い被ばく限度が設定されていた。

一般住民（C）の被ばく規制は、保健省令などで別途定めることになっていた。一般住民の被ばくはなるべく低くすることが原則。そのため、レントゲンなどの医療被ばくを制限すること、放射性物質による環境汚染を防ぐこと、が方針として示されている。妊婦や子どもに対して特に保護が必要、という方針も示された。

とすれば当然、この一般住民（C）には「5ミリシーベルト／年」よりも厳しい基準が必要になる。しかしまだ、この「安全基準」に「1ミリシーベルト」という数字はなかった。

表4-1　チェルノブイリ事故時の被ばく基準

カテゴリー	基準	非常時の適用
A　専門従業者(原発従業員など)	「限界許容被ばく量」 50ミリシーベルト／年	事故収束期間全体で限界許容被ばく量の5倍まで引き上げが認められる。
B　一部の住民(核施設周辺住民など)	「被ばく限度量」 5ミリシーベルト／年	事故の規模を考慮して、暫定被ばく限度を定める。
C　一般住民	具体的な数字はこの基準では定めない。 環境被ばく、医療被ばくを抑えるよう保健省令などで別途定める。妊婦・子どもに特に配慮を求める。	

出所:「放射線安全基準76/87」を参考に尾松作成

事故後の非常事態基準

なお、当時のソ連の基準では原発事故などの非常時においては、専門職の限界許容被ばく量は引き上げることができた。住民に対しても、事故の規模に応じて非常時の「暫定被ばく限度」を定めることになっていた。

つまり原発事故のような非常時には、住民にどこまでの被ばくを許容するのか、政府のさじ加減に委ねられていたのだ。

チェルノブイリ事故後、専門従業員の限界許容被ばく量(50ミリシーベルト/年)は、非常事態の基準に置き換えられた。事故直後、事故処理作業者に対する被ばく限度は「250ミリシーベルト/年」まで引き上げられた。実際にはその基準すら守られていなかった。多くのリクビダートルが250ミリシーベルト/年以上被ばくしている。

原発周辺住民の「5ミリシーベルト/年」の基準も無視された。住民の被ばく基準は一時「100ミリシーベルト/年」まで引き上げられた。しかも、どんな基準が適用されているのか、住民自身には知らされてす

表4-2 事故後の被ばく基準の推移

	1986年	1987年	1988年	1989年
リクビダートル	250ミリシーベルト/年	100ミリシーベルト/年	—	—
住民	100ミリシーベルト/年	30ミリシーベルト/年	25ミリシーベルト/年	25ミリシーベルト/年

出所:ロシア政府報告書(2011年)22頁を参考に尾松作成

らいなかった。

住民の被ばく基準は、事故から2年目には30ミリシーベルトに、3年目には25ミリシーベルトに引き下げられた。しかし、これもあくまで非常時の基準である。事故収束期間は公式には1990年までである。非常時の暫定基準である以上、ずっと適用することはできない。もともとの基準では、住民の一部を対象とした例外基準ですら「5ミリシーベルト/年」が限度であった。

事故後数年の間、政府は一方的に被ばく基準を引き上げ、それを住民に通知することすらしなかった。事故から3年後、汚染マップが公開され、被害の規模の大きさが明らかになっていく。汚染地域に住む人々は、すでに被ばくしてしまった。広大な土地が既に汚染されている。この状況でどうやって住民、特に子どもの健康を守るのか。

「許容できる被ばく量」「住民が安全に生活できる条件」について激しい論争が始まった。

新しい線量基準をめぐる議論――「350ミリシーベルトコンセプト」

ソ連放射線安全委員会は、「5ミリシーベルト/年（350ミリシーベルト/生涯）」という基準を提案した。「350ミリシーベルトコンセプト」と呼ばれるものだ。これは上述のソ連の安全基準（NRB76/87）で「住民の一部」の被ばく限度量が「5ミリシーベルト/年」であったことを根拠にしている。

この基準でいけば、追加被ばく量が「5ミリシーベルト／年」を超えない限り、住民の避難は必要ない。特別な防護措置もない。「5ミリシーベルト／年」を基準にすれば、支援の対象になる地域も限定される。結果として、被災地住民の支援や補償のための国庫負担も抑えられる。

しかしもともとソ連放射線安全基準で「5ミリシーベルト／年」はあくまで「住民の一部」を対象にした例外規定だった。子どもや妊婦も含めてすべての住民にこの基準を適用するのは、無理がある。この「350ミリシーベルトコンセプト」は、広く受け入れられることはなかった。

「生涯350ミリシーベルト」基準を擁護する学者たちは「(本来合理的な基準なのに)ポピュリズムに押しつぶされた」と主張する。しかし「生涯350ミリシーベルト」基準には、被災住民だけでなく、専門家からも疑問が出されていた。

ヤロシンスカヤは当時の議論の状況を次のように回想している。

「大多数の専門家の意見は、『350ミリシーベルト／70年』というコンセプトを非科学的かつ非人道的なものとして却下する方向に傾いていた。私たちにとって意外な発見だったのは、すでに世界中でずっと前から、放射線の人体への影響について『閾値なしコンセプト』が語られていたことだ。(わかりやすく言ってしまえば)どんな低い線量でも、健康に対して全く影響がないことはない、ということだ」(『チェルノブイリ・大いなる欺瞞』2011年)

政府の都合でゆるい基準が定められれば、広大な汚染地域が支援の対象から外れる。

長期的に被害者の健康を守るために適切な基準が定められるのか。多くの被災者たちが公正な「法律」を求め、声を上げていた。

「いまだ、住民の広い層に受け入れられる汚染地域における安全な居住のコンセプトが存在していない」

1990年4月のソ連最高会議決議では述べられている。

ここまで提案された「コンセプト」(5ミリシーベルト/年)は広い層に受け入れられていない。別の「コンセプト」が求められていた。

新しい基準策定にむけて――ソ連議会の方針

汚染の実態を知らされることなく、多くの住民がすでに被ばくしてしまった。そのことも考慮して、「安全な居住条件」についての国民的合意が必要になる。この「新しい基準」が必要であることは、当時のソビエト政府も認識していた。

「5ミリシーベルト/年」(350ミリシーベルト/生涯)の基準が受け入れられないとすれば、基準をどこに置くべきか。1990年4月の決議で、ようやくソビエト最高会議は「法律」の策定を命じた。

この時点では、まだ具体的な被ばく基準は示されていない。しかし、その基準を定めるための方針が出された(傍線筆者)。

（ソ連閣僚会議は）1990年中に、「直線閾値なしコンセプト」およびその他最新の考え方を考慮して、科学的に根拠づけられた住民の安全な居住基準の形成を完了すること。

「直線閾値なしモデル」に従えば、被ばくが「このレベルを下回れば安全」という閾値はない。低線量の被ばくでもリスクが認められる。そのため、被ばくはできるだけ低減することが望ましい。つまり「5ミリシーベルト／年（350ミリシーベルト／生涯）」よりも、できる限り被ばく量を低くした方が良いことになる。

「その他最新の考え方」という表現にも一つのヒントがある。チェルノブイリ法の策定が進められていた1990年に、国際放射線防護委員会（ICRP）主委員会は90年勧告を採択した（1990年11月採択）。この勧告は「1ミリシーベルト／年」を公衆の被ばく限度として提案している。「最新の考え方」を考慮する方針が出された以上、チェルノブイリ法でもこの90年勧告の基準を意識せざるを得ない。

報道資料によればICRP90年勧告が正式に各国に出されたのは1991年3月。ウクライナ チェルノブイリ法の成立よりも1カ月遅い。しかし90年11月の勧告採択時点で、勧告内容の骨子は報道資料でも紹介されている。またこの90年勧告を採択したICRPの主委員会にはソ連の専門家も参加していた。ソ連が基準を定めるにあたって、この90年勧告を無視することはできない。

「閾値なしモデル」に立脚して、同時期の「最新の考え方」（ICRP勧告）を参考にするなら、おのずと「1ミリシーベルト／年」基準が妥当となる。答えは決まっているように見えた。

しかしそれでも、被ばく基準を1ミリシーベルト／年にすることに、一部の科学者や政府関係者からの反発も強い。この「1ミリシーベルト／年」の基準を法律に書き込むことは簡単ではなかった。ICRPの勧告や、学説だけではない、政治的決断が求められていた。

ソ連政府のチェルノブイリ法草案

1990年9月にソ連政府は「チェルノブイリ法」草案を提示した。チェルノブイリ法策定が決まってから半年もたたない。集中的に議論が進んでいたことが分かる。

ソ連閣僚会議非常事態国家委員会のグバノフ副委員長は、9月20日付でこの草案を関係機関に提出している。

「チェルノブイリ大災害についてのソ連法」と題されたこの草案は、全10ページ。法律の骨格が示されている。「移住の権利」保障や、リクビダートルに対する補償の内容など、すでに現行のチェルノブイリ法の重要項目は盛り込まれていた。

しかしこの草案には「この基準を超える地域」「このレベルを超えて被ばくした人々」というような、被ばく基準（または汚染度基準）の数字が示されていない。

この草案では、現行のチェルノブイリ法と同様に被災地がいくつかのゾーンに区分されている。以下の3ゾーン分類である。

①チェルノブイリ原子力発電所周辺の隔離ゾーン

②退去ゾーン――一般住民の定住のために許容されるレベルを超えた放射性物質による汚染を受けた地域

③チェルノブイリ原子力発電所事故により放射能汚染を受けた地域で、一般住民の居住及び農業が認められる地域

汚染地域では、「許容されるレベル」を超える場合には「定住禁止」、それを下回るならば住むことも、農業をすることも認められる。ではこの「一般住民の定住のために許容されるレベル」とは何なのか。このもっとも重要な「基準」が未定であった。5ミリシーベルト基準が否認された以上、何らかのそれよ

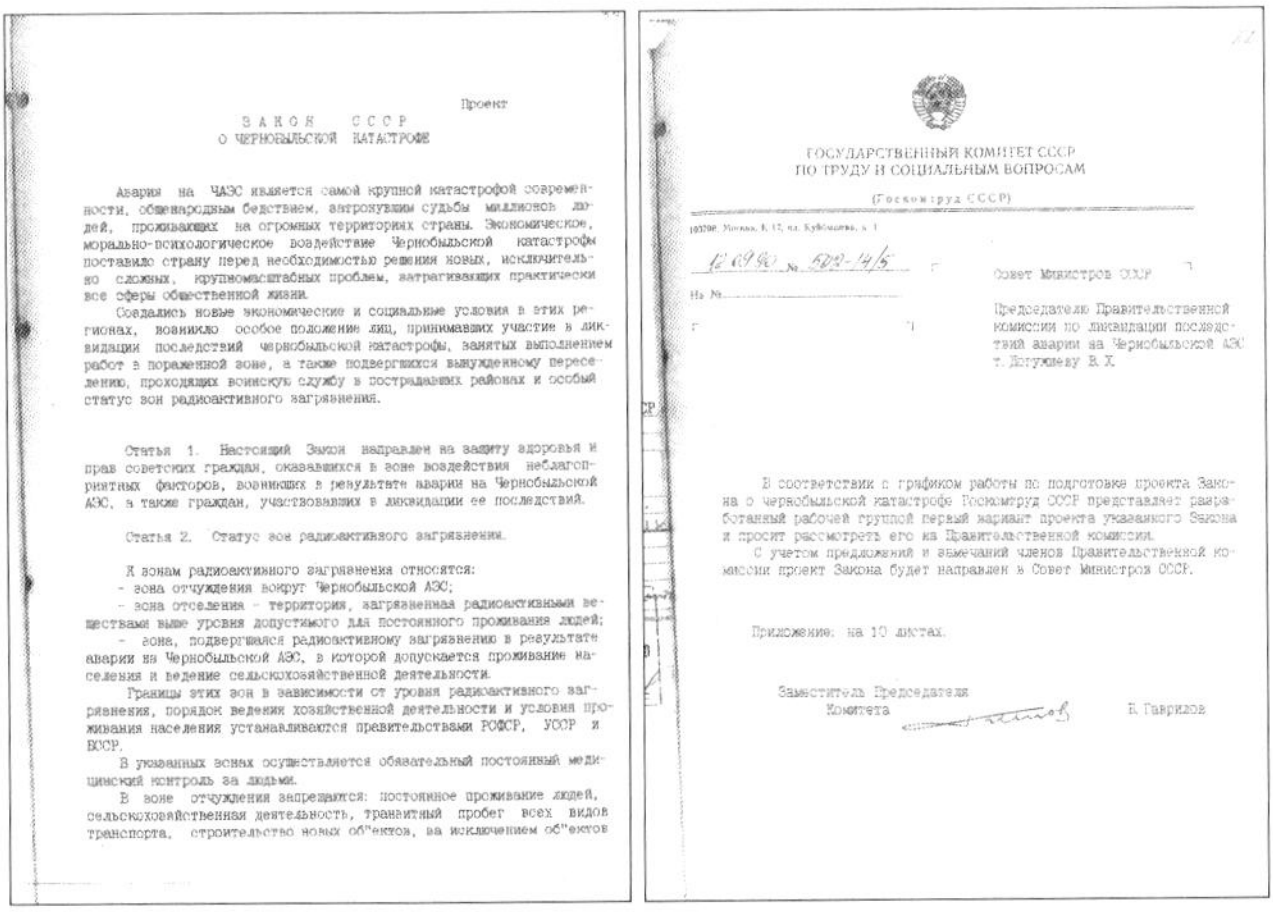

ГОСУДАРСТВЕННЫЙ КОМИТЕТ СССР
ПО ТРУДУ И СОЦИАЛЬНЫМ ВОПРОСАМ
(Госкомтруд СССР)

103706, Москва, К-12, пл. Куйбышева, д. 1

12.09.90 № 502-14/5

На №

Совет Министров СССР

Председателю Правительственной комиссии по ликвидации последствий аварии на Чернобыльской АЭС т. Догужиеву В. Х.

В соответствии с графиком работы по подготовке проекта Закона о чернобыльской катастрофе Госкомтруд СССР представляет разработанный рабочей группой первый вариант проекта указанного Закона и просит рассмотреть его на Правительственной комиссии.

С учетом предложений и замечаний членов Правительственной комиссии проект Закона будет направлен в Совет Министров СССР.

Приложение: на 10 листах.

Заместитель Председателя Комитета В. Гаврилов

Проект

ЗАКОН СССР
О ЧЕРНОБЫЛЬСКОЙ КАТАСТРОФЕ

Авария на ЧАЭС является самой крупной катастрофой современности, общенародным бедствием, затронувшим судьбы миллионов людей, проживающих на огромных территориях страны. Экономическое, морально-психологическое воздействие Чернобыльской катастрофы поставило страну перед необходимостью решения новых, исключительно сложных, крупномасштабных проблем, затрагивающих практически все сферы общественной жизни.

Создались новые экономические и социальные условия в этих регионах, возникло особое положение лиц, принимавших участие в ликвидации последствий чернобыльской катастрофы, занятых выполнением работ в пораженной зоне, а также подвергшихся вынужденному переселению, проходящих воинскую службу в пострадавших районах и особый статус зон радиоактивного загрязнения.

Статья 1. Настоящий Закон направлен на защиту здоровья и прав советских граждан, оказавшихся в зоне воздействия неблагоприятных факторов, возникших в результате аварии на Чернобыльской АЭС, а также граждан, участвовавших в ликвидации ее последствий.

Статья 2. Статус зон радиоактивного загрязнения.

К зонам радиоактивного загрязнения относятся:
- зона отчуждения вокруг Чернобыльской АЭС;
- зона отселения - территория, загрязненная радиоактивными веществами выше уровня допустимого для постоянного проживания людей;
- зона, подвергшаяся радиоактивному загрязнению в результате аварии на Чернобыльской АЭС, в которой допускается проживание населения и ведение сельскохозяйственной деятельности.

Границы этих зон в зависимости от уровня радиоактивного загрязнения, порядок ведения хозяйственной деятельности и условия проживания населения устанавливаются правительствами РСФСР, УССР и БССР.

В указанных зонах осуществляется обязательный постоянный медицинский контроль за людьми.

В зоне отчуждения запрещаются: постоянное проживание людей, сельскохозяйственная деятельность, транзитный пробег всех видов транспорта, строительство новых об"ектов, за исключением об"ектов

ソ連チェルノブイリ法草案

り低い線量レベルが示されなければならない。けれどまだこの時点（チェルノブイリ法成立の5カ月前）で、「1ミリシーベルト／年」とは書き込めていない。被ばく基準は、それほど設定が難しい、国の在り方を左右するセンシティブな問題なのだ。

ソビエト政府がこのように「被ばく基準」をめぐって逡巡するなか、ウクライナの立法者たちは先んじて議論を進めていった。

解説10　地域の「線量パスポート」

チェルノブイリ法では、「1ミリシーベルト／年」（ウクライナでは0・5ミリシーベルト／年）を被災地認定や「移住権」認定の基準としている。

「1ミリシーベルト／年を超える地域」というが、この被ばく量はどのように計算されるのか。同じ地域に住んでいても、ホットスポットの有無や生活スタイルによって個々人の被ばく量には差が出る。何を根拠に「この地域では追加被ばく1ミリシーベルト／年を超えうる」と言えるのか。正確を期すなら、全住民の外部被ばく・内部被ばくを計測しなければならない。しかしウクライナの被災地ではそこまではできていない。

結論から言えば、ここでいう「1ミリシーベルト」というのは大まかな推計値である。

まず土壌サンプル調査により、地域の平均土壌汚染度が割り出される。基準を超える汚染度の地域では、主な内部被ばく源として地産の「ジャガイモ」と「牛乳」の放射性物質含有量がチェックされる（これもサンプル調査）。それら農作物の汚染度から、地域住民の平均的内部被ばく量が推計される。

また土壌汚染度から推計して、住宅の遮蔽効果なども加味し、当該地域での外部被ばく量を推計する。

また各「居住地点」から、年齢構成などを考慮して一定数の住民を選定し、ホールボディカウンターでの測定も行う。この測定値も地域の被ばく量推計の参考にしている。

このように推計された内部被ばくと外部被ばくの合計が、「1ミリシーベルト／年」（ウクライナでは0・5ミリシーベルト／年）を超える場合、その「居住地点」は被災地域と認定される。

なお「居住地点」というのは、複数の住民が定住していることを条件にした、地域区分の最小単位である。町、村のように役場機能を持った行政単位と重なることもある。5人程度の集落が一つの「居住地点」とみなされることもある。

このようにチェルノブイリ法で「～ミリシーベルト」というとき、それは個々人の実際の被ばく量ではない。チェルノブイリ法ではこれを、「推計年間平均実効線量」と呼ぶ。またこのように、その地域の「被ばく量」を推計し記録したものを「地域被ばく量目録」（線量パスポート）と呼んでいる。

チェルノブイリ法2条によれば、この「地域被ばく量目録」のデータは、汚染地図などと一緒に3年に一度は新聞・雑誌に公開され、行政機関が保管することになっている。

2 リクビダートルの保護を求める運動

もう一つチェルノブイリ法の成立を後押ししたのが、事故処理作業者たちの権利保護を求める運動であった。

事故処理作業者たちは、文字通り命を懸けて原発事故被害の拡大をくいとめた。事故処理作業の危険性について十分知らされず、適切な防護措置もないままに、多量の放射線を浴びて命を落とした作業者もいる。

にもかかわらず、当初その功績は十分に評価されなかった。

ロシアのリクビダートル、アレクサンドル・ベリキン氏によれば、チェルノブイリ法ができるまで、事故処理作業者への給与の割り増しや住宅支援などの約束が、長い間無視されていた。

ソ連政府は、事故処理作業による死亡者数や障害者数を実際よりもずっと小さく見積もっていた。公式な数字からは、国を守り死んでいった仲間たちが外されていた。

さらに事故から3年後になっても、健康被害を認定する機関はウクライナのキエフにしかなかった。健康が悪化したリクビダートルたちは、ソ連全土から、認定のためにキエフに来なければならなかった。それでも、補償が認められたのは、一部のリクビダートルだけであった。

リクビダートルやその遺族たちは、国家補償を求めて声を上げた。そして、事故処理作業者の権利保護を求める市民団体「チェルノブイリ同盟」が生まれた。これが、チェルノブイリ法成立の原動力となったのである。当初モスクワをはじめ、いくつかの地域で別々に「チェルノブイリ同盟」が設立された。各地のチェルノブイリ同盟のなかでも、一番早くから動き始めたのが1988年8月に設立されたウクライナ ハリコフの団体であった。

1990年11月27日には、ウクライナ全国の「ウクライナ チェルノブイリ同盟」が設立された。同年に、各地のチェルノブイリ同盟が全ソ連「チェルノブイリ同盟」に統合された。「同盟」のメンバーは、チェルノブイリ法案の策定に、有識者として参加した。また1989年3月の人民代議会選挙では、チェルノブイリ同盟の関係者も当選し、直接立法作業に加わっている。

「チェルノブイリ同盟」の尽力で、1990年3月には事故処理作業者たちの保護を定めた内閣決議が採択された。この決議によって、リクビダートルたちが、第二次世界大戦功労軍人と同等の補償を受けられることになった。このときからリクビダートルの「国家英雄」としての法的位置づけが決まる。

この決議で、「長期的な定期健診の実施」「事故処理作業者の勤務実績や健康診断結果などを記録した統一国家レジストリの設立」等が決まった。そして、健康状態や事故処理作業の時期に応じて、医薬品の無料支給、保養費用の減免、住宅支援、補償金支給などが認められた。これらの補償・支援内容はほぼそのまま、チェルノブイリ法に引き継がれていく。

1990年6月15日には全ソ連チェルノブイリ同盟大会が行われ、そこでチェルノブイリ法の元となる原案が採択された。この原案は、チェルノブイリ法のたたき台の一つとなったものだ。ウクライナチェルノブイリ同盟も、独自にウクライナ最高議会に対してチェルノブイリ法案の補足提案を出している。

事故処理作業者たちは、事故の拡大を食い止めただけでなく、被災者救済制度作りに参加し、新たな国の形を作ったのだ。

チェルノブイリ法は、「一般住民の安全な居住」を保証するための被ばく基準を定めている。そして、その基準を超える被ばくリスクがある地域では、住民の保護（居住制限も含む）を約束する。

しかしどんな基準を定めたところで、すでに5年が経っていた。法律ができる前にすでに被ばくしてしまった人々がいる。リクビダートルたちは、事故の初期に多量の放射線を浴びた。国家を守るためにすでに基準を大幅に超えて被ばくした人々をいかに保護するか、という問題がチェルノブイリ法のもう一つのテーマとなっている。

（尾松）

第5章 チェルノブイリ法　20年の歩み

1　ソ連崩壊の衝撃

チェルノブイリ法が制定された1991年、世界は大きく変わろうとしていた。1989年ベルリンの壁崩壊、その後東欧社会主義国で民主化の波が急速に広がった。ウクライナも1991年8月24日にソ連からの独立を宣言、その年の12月、ソ連邦は崩壊した。70年以上続いた社会主義体制の終焉は世界の歴史の大きな転換点だった。

念願の独立を成し遂げた旧ソ連諸国は、突然市場経済のシステムの中に放り出された。ロケットから鉛筆一本にいたるまで、すべてモスクワで作成された計画に従って生産、販売が行われていた社会主義計画経済、利潤や競争という概念のない社会から、資本主義経済への大ジャンプだった。ソ連を引き継いだロシアはチェルノブイリ事故補償に関して旧各共和国が独自で行うことと決定した。
ウクライナはモスクワに頼らず、自らの予算でチェルノブイリ法を実施していかなければならなくなったのである。

独立ウクライナの決意——国防よりもチェルノブイリを

この困難な問題に取り組んだのは、ウクライナ初代大統領のレオニード・クラフチュクだった。クラフチュク大統領はソ連時代はウクライナ最高会議議長としてトップの地位にあり、事実上ソ連崩壊を決定づけたロシア、ウクライナ、ベラルーシによるベロヴェーシで行われた国家共同体創設の立役者のひとりでもある。自らが牽引した国家独立だったが、その実態は困難を極めるものだった。その中でクラフチュク大統領は、チェルノブイリ被災者最優先の姿勢を貫いたと話す。

「それまでは計画経済でしたので、ソ連政府が補償などすべてを与えてくれました。しかし市場経済で全てが別のものに変わってしまいました。この負担は非常に重かったのです。チェルノブイリ問題の見直し、そして分析を始めました。国家予算を審議し、これを社会、国家、国防、安全保障、国際的支出へ配分したとき……もちろん、チェルノブイリは優先順位の高いもののひとつでした。私たちは最初から、被害を受けた人々を保護することが重要だと考えました。彼らの治療を援助し、生活を援助し、住居を斡旋しました。これはなによりも国家予算にとって大きな負担でした。移住した人々には土地を与えました。そこに、野菜、果物を植えました。必要な食品を得るために、鶏や豚といった動物も飼いました。国家はできる限りの援助をしました。

私は国防費すら削減しましたよ。国内軍の予算を削減しました。私たちは、誰に多く拠出するか検討しましたよ。教育、科学――あるいはチェルノブイリ。結局のところ、チェルノブイリにしたのです。国の利益全体や国の将来にとっての損失を伴ってまでもです。私たちには、チェルノブイリによって被害を受けた人々を不幸なままにしないという原則がありました。もちろん、国家が責任をとるということです。チェルノブイリに関しては、国家が完全に責任を持ちました。人々には何の罪もありませんでしたし、彼らは大惨事のせいで被害を受けたのですから」

クラフチュクさんはこぶしをふり上げながら、力強くそう語った。しかしウクライナを取り巻く状況は日々悪化していった。

チェルノブイリ法成立を推し進めた市民活動家のシチェルバクさんも、初代環境大臣としてこの難局に向き合うこととなった。

体制移行の混乱

「全体主義的国家は、大変多くの欠陥を抱えています。ソ連がそうでした。しかし、一つ長所があります。力を集中させなければならない時、それが可能でした。今では資本主義の条件下でチェルノブイリ法を施行しなければなりませんが、どうやったら成しえますか？　土地を購入しなければなりませんし、家屋は、誰が建設するのでしょう？　ソ連当時は全国から資金が集められ、１９８６年から87年にかけて2万２０００軒の住居が建設されました。そして人々が移住しました。つまり、避難する権利というものは現実的なものでした。

当時はまだソ連がありましたから、資金はソ連中央政府から、ウクライナは、建材や労働力を提供、保障しました。これらの施設ではウクライナ人が働きました。チェルノブイリに最も近かったプリピャチ市が閉鎖されました。今はすべてが廃墟と化し、ポンペイのように文明がなくなりつつあります。その代わりにスラブチチという町が建設されました。この都市は汚染された土壌の上に建設されました。その後どうにか除染されましたが、ソ連の全共和国が、一定数の家屋を建設する義務を負いました。アルメニアやグルジアなどが建設しました。5年間ソ連は資金を拠出しました。

しかしその後、これが完全にウクライナに移行してから、ロシアは資金供給を拒否しました。あなた方は分離したのだから、自分たちでやりなさい、ということです。これらすべての財政的負担がウクライナに課されました。チェルノブイリ原発事故がもたらした損失は、総額１７５０億ドルと計算されました。ベラルーシはさらに多く、２２５０億ドルと計算しました。しかし当時ウクライナ国家予算はこの法律に60億ドルしか拠出していません。１９９１年から１９９６年までの間です。チェルノブイリ対策費は国家予算の10％ほどだと思いますが、これでも非常に負担が重く、大きな経済問題だったのです」

ウクライナだけでなく旧ソ連諸国が市場経済へ移行する際には大きな混乱と困難が生じた。不完全な国家財産の民営化などで社会はわずかな持てる者と、大多数の持たざる者に分化していった。住居、教育、医療がすべて無料という体制に慣れていた人々は価値観の変化についていくことができず明日の見えない不安に陥っていた。

2　さらなる困難――ロシア金融危機

そしてソ連崩壊の大波の後、もう一つの波がウクライナを襲った。

１９９０年代後半、アジア経済危機に端を発するロシア金融危機である。これはウクライナ経済に大きな打撃を与えた。ウクライナ経済はGDPで１９９０年を１００とすると、１９９９年には40まで落ち込んだ。この経済状況はチェルノブイリ法の遂行にとって大きな壁となった。

２０１１年に出版された、チェルノブイリの影響をまとめた「ウクライナ政府報告書」にチェルノブイリ法の実施状態の推移が示されている。

チェルノブイリ法に必要な予算は、１９９６年から２００４年にかけて４・４倍増加、２００４年から２０１０年にかけては３・８倍増加している。

必要経費と、実際の支出経費の関係は、1996〜98年は57％、1999〜2002年には29％、2003〜10年には14％と記されている。

チェルノブイリ法の比類のない価値

完全実施ができなくなったチェルノブイリ法について、シチェルバクさんはこう語った。

「私はチェルノブイリ法は前例のないものだと思います。ほかに何があるでしょう？　ウクライナ憲法はチェルノブイリに関する条項を明記しました。これは非常に重要なことです。日本の憲法に、このようなものが盛り込まれることはないでしょう。チェルノブイリ省は時宜にあった類のないものでした。世界中のどこにこのようなものがありますか？　広島や長崎に特別の被災者対策の省庁がありましたか？　なかったでしょう。ウクライナには省庁があったのです。官僚たちも仕事に全力を注ぎ、国民に対する自らの責任を感じていました。彼らは測定作業を行い、区域の分類をしたのです。彼らはジトーミル州とロムヌィ州の農村部で放射線が高いことを1年から1年半の間に突き止めました。それらの町はチェルノブイリからかなり離れています。第3ゾーンも第4ゾーンも、最初はうまくいったのです。しかし今では残念ながら多くの特恵的待遇が撤廃されました。多くの人々がすでに鬼籍に入ったのです。

2000年、ウクライナでは公的なチェルノブイリの被災者数は300万人でしたが、現在は

220万人となっており、100万人近く減っています。ウクライナの事故処理を行なった作業員、いわゆるリクビダートルで存命なのは20万人です。このようなプロセスが進行しているのです」

チェルノブイリ事故から30年たとうとする今、被災者の数は減少している。しかし、事故を起こした原発そのものの廃炉作業はまだまだ長い年月を要する。シチェルバクさんは続けた。

「チェルノブイリ原発自体の問題もあります。同原発では2号炉で火災が発生しました。当時私はそこへ行って状況を視察しました。これは埋め立てられました。その後3号炉に問題が起こりました。つまり、閉鎖しなければならなくなったのです。そしてわれわれは1996年にカナダでG7の宣言書に署名しました。当時私は駐米大使でした。われわれはチェルノブイリ原発を閉鎖することを約束し、そのための補助金を要請しました。いくばくかの補助金が与えられましたが、閉鎖のプロセスは長きにわたります。同原発には、未だに燃料が保管されたままです。プロセスは非常に複雑です。

福島もこうなる可能性があります。福島原発を再建するようなことは、私は、心理的な観点からも許してはならないことだと思います。チェルノブイリはすでに閉鎖された、闇の場所なのです。チェルノブイリはウクライナ国内の電力の10%を生産していたわけですが、今では冷却装置などに電力を消費し、ウクライナの電力会社に100万ドルを負担させています。今チェルノブイリ原発は電力を生産せず、大量に消費しているのです。現在6000人が働いています。チェルノブイリは怪物ですよ」

3　国家財政とチェルノブイリ法――目減りする補償

ウクライナで現在チェルノブイリ問題を担当しているのは非常事態省である。そこで2004年からこの問題に取り組んできたチェルノブイリ問題担当局副局長のスベトラーナ・ソバさんを訪ねた。ソバさんのところへも頻繁に日本の代表団や取材陣がやってくるということで、詳細なデータを手にチェルノブイリ被災者の状況について質問に答えてくれた。

「現在、たとえば第1カテゴリーの人が定められたすべての補償をうけるとすれば、およそ50種類の特恵的条件を受けることになります。まだ汚染地域で働いているならば、一定の追加金を受け取ります。もし汚染地域に住んでいれば同じく追加金を受け取ります。もし障害者になったら、追加金を受け取ります。追加の休暇も受け取れますし、ほかの人より早く年金を受給できるようになります。全ての特恵的条件を足し算すると、およそ50種類の特恵的条件を受けることになるのです。このように法律はもちろん、被災者に対して非常によいものとなっています。

ですが、今日の物価では、同法実施には800億グリブナ必要と試算され、当然ですが、このような額を国は拠出できません、チェルノブイリ法による補償の基準が毎年国家予算に関する法律によって実質変えられている状況です。

住居、別荘、車庫の建設や企業活動への融資への割り当ては1999年以降中止となっています。ほかの割り当ても中止となっています。被災者全員がたとえば健康回復の旅行を受給できるわけではありません。というのも、この旅行は被災した子どもたちに優先的に提供されるからです。ほかの特恵的条件も同様です。法律ではいくつかの特恵的条件を、最低給与と最低年金受給額に基づいて提供するよう規定しています。私たちの最低給与は徐々に増加していますので、その規定に従って支給額を上げることは財政的に不可能です。そのため、内閣はこれら補償金を支払うため、独自の数字を適用しています。これは、汚染地域での作業や汚染地域での居住に対するもので、内閣はこれら補償金を支払うため、修正した価格、合計金額を制定しています。法律に基づいているのですが、実際には内閣の制定した額であって、法律の定める額ではありません。1996年ごろから金額は修正されています。

スベトラーナ・ソバさん

チェルノブイリ法実施には800億グリブナ必要です。そのうち、2013年にはウクライナ政府は110億を拠出しました。国家は毎年国家予算を増額していますが、それでも法律で規定されている全ての特恵的条件をカバーする可能性は、残念ながらありません。

つまり法律に規定されているものは払われますが、申し上げたとおり、法律に定められる合計金額とはちょっと違い、内閣の規定する額で支払われているのです。

被災者に住居も提供されていますが、順番待ちをしている全員に提供することは不可能です。そのため40億グリブナが必要ですが、拠出されるのは1億5000万グリブナだけなので、全員に住居を保障することはできません。ですが、いずれにしても私はチェルノブイリ法はその効力を発揮していると思います」

4　汚染ゾーンの見直し

チェルノブイリ法の実施を阻む経済困難、事故から30年近くたって放射性物質の自然減少もあるだろうし、それらを考慮してゾーンの見直しは行われないのだろうか。ソバさんに聞いてみた。

「ゾーンの再検討はされています。ゾーンの再検討に関する大統領令が発せられ、毎年線量認定作業が行われていいます。2009～10年は行われませんでしたが、これは必要な財政支援がなかったからです。この線量認定が基礎になっています。牛乳を測定し、じゃがいもを測定し、人体を測定しました。そして、現在汚染地域に位置する2293カ所の居住区で、汚染が残っているのは433カ所のみだということが分かりました。しかし法律には、ゾーンの再検討は、州会議がそれを承認したときのみ可能だと書かれています。残念ながらそれを承認した州はまだありません。

なぜなら……もしその居住区が汚染地域から削除された場合、人々からさまざまな補償を奪うことになるかも知れないからです。今のところそのようなことは誰もやっていません」

ウクライナ政府は、チェルノブイリ法の再検討は専門家および一連の中央行政組織の結論に基づいて行うとしている。その機関の一つは、国家放射線防護委員会で、同組織は州会議の要請に基づき再検討を行い、同決定は最高会議により承認されるとなっている。

政府はモニタリングを実施し、毎年放射線量証明をだし、各居住区のために汚染濃度や牛乳の放射性核種含有量、同地域で栽培されるじゃがいもの放射性核種含有量を測り、それに基づきゾーンの分類を変更しようとしたが、最高会議は政府に対し、州会議の要請がなかったとして政府決定を取り下げた。同様なことが何度か繰り返されている。法律の見直しはさまざまな立場の人の利害がぶつかり一筋縄ではいかないのだ。ゾーンの変更が補償削減につながれば、住民感情を考慮すると難しいということか。

一方、ウクライナでは、第4ゾーンでは、サナトリウムなどの保養施設への資金投入が禁止され、第3ゾーンでは、環境保全にそぐわない企業活動を行うことは禁止、第2ゾーンでは通常の企業活動が禁止されている。そのような中、近年地域経済の復興を考え、ゾーンの見直しを求める住民も現れてきている。

ソバさんは、いずれ事情は変わっていくだろうという。

「私は、いずれ改訂の時が訪れると思います。被災地は将来的に発展することができません。つまり、汚染地域では何の経済活動もできないために発展できないのです。何も建設できませんし、外国からの投資もありません。農業や工場建設も行われません。汚染地域ということで工場の建設は禁止され不可能だからです。地域が発展するためには、特恵的条件に関わる問題を解決しなくてはいけません。私は、今の状態が何の変更もなく続くとは思っていません。

徐々に被災者の人数は減少していきます。事故処理作業の参加者についても同じです。自然の流れで彼らは亡くなっていき、ある人は移住していきます。ウクライナでは、子どもたちが被災者でいるのは、18歳までです。後は、障害がなければ、もう被災者ではありません（第2章4Ⅲを参照――筆者）。91年ごろに被災者の子どもたちが150万人いましたが、現在ではおよそ50万人です。2013年1月1日現在のデータを持っていますが、被災した子どもたちは46万2000人です。そのため時間がたつにつれて被災者の人数は減少していきます。そして当然ですが、同法の実施にかかる支出も同じく、時間と共に削減されていきます。受給者が少なくなるからです。

現在私たちには、憲法の条項があり、被災者の特恵的条件を縮小したり、またはこれを法律から完全に削除することは、憲法違反になります。時間と共に被災者や参加者の人数が減っていきますので、この問題も同じく時間と共に無くなると思います。1年や2年ではありませんが、今のところチェルノブイリ法は続いて行きます。あと10年以上は続くと思っています」

5 被災者から見たチェルノブイリ法

被災者たちの焦燥

被災者は支払われないチェルノブイリ補償に抗議して、集会を開いたり、テントを張りハンガーストライキを繰り返したりしてきた。２０１１年にはデモ参加者たちが最高会議を占拠しようとした。最近はこの動きにソ連時代のアフガニスタン戦争の帰還兵が加わるようになった。彼らも経済悪化で社会での特恵的待遇を失ったからだ。私たちが取材していた時、政府庁舎前でのチェルノブイリ被災者の集会に遭遇した。

１００人ほどの被災者たちがプラカードを手に、政府庁舎にむかって抗議演説を続けていた。彼らにマイクを向けると四方八方から声が飛んできた。

「私は放射能で体を壊し、子どもも、孫も持つことができませんでした。今の補償でどうやって暮らしていけというんですか。すべてが高くなってしまっているのに」

「国は憲法も法律も実施しないで、私たちを痛めつけている、私たちを捨ててしまおうとしているんだ」

「もう何十年も戦ってきた。仲間の多くはがんで死んでいった」

怒りを爆発させる人たち、集まった人たちの年齢は高く、生活の厳しさを感じさせた。このような集会は毎月のように政府庁舎前で行われているという。

法の実行を求める裁判

最近は被災者の中に、法律の実行を求めて裁判に訴える人たちも出てきた。

コロステン市に住むワシーリー・ボフスノフスキー

ワシーリー・ボフスノフスキーさん

さんもその一人だ。彼はかつて原発事故処理作業に従事していた。その後雑誌編集、農業指導者などさまざまな職種を経験、今は年金生活者である。

「チェルノブイリ施設が爆発したとき、徴兵されていたので指令によりチェルノブイリ原発へ派遣されました。われわれは30キロ圏内を囲うため支柱やセメントや有刺鉄線を搬送しました。現地ではいろんな部隊が召集されていました。私は、当時18歳で、やっと軍隊の門をくぐったところで、この事故の消火作業や救助作業に召集されたのです。4号炉から灰をかき出す作業を行いました。一定の時間が定められ、走って、灰をかきだし、廃棄しました。部隊ごとに。ひどいものでした。恐ろしいことでした。あそこでは放射線防護装備が全員に行きわたらなかったのです。当然ながら当時参加していた人々は、今では非常に重い病気にかかっているか、すでに亡くなったかしています。

私自身、障害者等級第2級です。私はこれまで2回狭心症を起こしています。血管ジストミア、心不全、その他多くの事故の影響とみられる疾病を経験しました。

法律に従えば、私の場合、事故処理作業の参加者なので国家は私に、障害者等級第2級の補償金を支払わなければなりません。法律によれば、4万5000グリブナです。私は、裁判で自分が正しいということを証明しなければなりませんでした。第1審にはじまって、地区裁判所、州裁判所、最高裁判所に行きました。彼らは私の主張を支持しました。

今年判決が出て最高裁判所は、私の訴えを支持しました。ウクライナ法務省が労働局に、私に対して法律の定める額を支払うよう命じました。

しかし国は新たな規定を作りました。国家予算がリクビダートルやチェルノブイリ被災地の住民への支払いや社会プログラムへの拠出額に足りない場合、内閣がこれを行う権利を持つというものです。国家予算の財政によって、支払うか否かを決定するのです」

裁判で勝訴したボフスノフスキーさんに、まだ国からの補償金は支払われていない。しかしボフスノフスキーさんは国家への追及をやめることなく、今、他の被災者70人分の裁判支援を行っている。

法と予算の板ばさみ

この被災者たちが起こしている裁判について非常事態省のソバさんはこう語っている。

「補償金が支払われないということはあります。残念ながら、支払うお金が足りないからです。私たちのところにもこのような苦情があり、最低給与に基づいて汚染区域での居住や勤務に対し規定されている額を要求する訴訟が裁判所に申し立てられています。おそらく賠償することになりますが、可能な範囲内でです。なぜなら、裁判の判決どおり全てのお金を賠償すれば、ほかの人々には最低の補償を回すお金すらなくなってしまいます」

要するに決まったチェルノブイリ対策費を被災者同士が奪い合うという状況になっているのだ。裁判で勝った人には優先的に支払われるが、裁判も起こせない人の支給はさらに削られてしまう。ウクライナ政府はもともとのパイをもうこれ以上増やせない状況だという。被災者の要求に日々向き合っているソバさんは法と国家予算との板ばさみでどうしようもないと苦しそうな表情で語った。

かつてウクライナは豊かな国だった。温暖な気候に黒土、高い技術力、その国がなぜ国家破綻寸前の経済状態に陥ってしまったのか。数人の大富豪が政治と経済を牛耳る現状、民主主義とはほど遠い腐敗した政治体質は、この戦闘状態の中でも変わりそうにない。そのような中でチェルノブイリ被災者問題は置き去りにされていきつつある。

無関心とたたかう

コロステン出身の議員でチェルノブイリ委員会のメンバーだったヤツェンコさんは、現在は議員を辞め、社会団体「チェルノブイリ同盟」の副代表として被災者の抗議活動を率いている。法律を作成した者として現在の被災者の置かれた状況に心が痛むという。

「政府では多くの人が交替しています。この問題に取り組んでいた専門家たちは更迭されています。新しい権力者が来ると、自分の息のかかったものを集めるため役人全員を追放し始める。今、政府にいるのはチェルノブイリ問題の歴史や実践を知らない人たちです。彼らは、コンピューターに入力されている法律の基準のみ知っています。それだけです。2・10グリブナを汚染されていない食品のために支払わなければなりません。これが、私たちの遂行することであり、ほかのことは興味がないというわけです。このような状況は間違ったことです。お分かりでしょうか、政府にとっては、ウクライナで今起こっている新たな問題がチェルノブイリ問題より切実です。ですから、予算がチェルノブイリ問題からもむしり取られ、大幅に縮小され、このような状態になったのです。

２０１１年9月チェルノブイリの被災者は議会を包囲しました。なぜならウクライナの議員はこの問題に何の注意も払わなかったからです。議員たちはチェルノブイリ被災者から逃げましたが、私たちの実力行使に政府はやむを得ず話し合いの席に着きました。

私たちは、全ウクライナ社会団体「ウクライナ チェルノブイリ同盟」とウクライナの政府との協力に関してメモランダムに署名しました。現在このメモランダムによって活動しています。チェルノブイリ被災者の社会的保護を強化するためにまず最初に何をするべきか、自分たちの提案を準備しました。それがうけいれられない場合私たちはさらなる抗議行動に人々を動員するでしょう」

すべての被災者のために

一口にチェルノブイリ事故被災者といってもさまざまである。リクビダートルといわれる事故処理に従事した作業者、被災地に住む住民、被災者から生まれた子どもたち、その微妙な立場の違いが補償要求運動に複雑に影響しているとヤツェンコさんはいう。

「チェルノブイリの運動は分散しているのがわかりますね。チェルノブイリ被災者の一部の人の愚かさは、自分のみの利益に固執することです。これはもう病気です。リクビダートルで障害者となった人のグループは、年金の確保に固執しています。彼らは、ハンガーストライキなどを行っています。しかし私たちの団体は、すべての人々の権利にこだわっています。原則的に、チェルノブイリの問題解決への複合的な方法を保つためです。障害者となった被災者、同じく被災者の子どもたちも守らなければなりませんし、死んでしまった障害者の未亡人を守らなくてはなりません。私たちは、障害者ではないリクビダートルも守らなければなりませんし、被災地そのものを守らなくてはなりません。いま、国家放射線防護委員会は、ゾーンの再審査について、提案を準備しています。

私たちは、放射能汚染区域を再検討しなければなりませんが、それは汚染地域の原状回復国家プログラムに基づいていなければなりません。たとえばナロージチ地区は、伝統工業が壊滅しました。今、彼らを汚染されていない区域へ移動させようとしていますが人々は何をするのでしょう？　工業を復活させるための何か経済的な支援が必要です。つまり、この問題に機械的なアプローチをとってはいけません。個人の補償だけでなく地区の復興も総合的に考えないといけないのです。

私はこれからもチェルノブイリ被災者の権利のために戦い続けるだろうと思います。もし、チェルノブイリ問題の100％解決について言うなら、願わくば100年後には解決していてほしいです。私は生きている限り戦います。この人々を守るために、より多く学び、最大限のことをします」

生まれ育った土地が被災し、住民の声をまとめてチェルノブイリ法を作り、今、チェルノブイリ同盟のリーダーとして政府と戦うヤツェンコさんは、ずっとチェルノブイリと共に生きてきた。この戦いが終わりのないことをよく知っている。30年近く戦い続けるヤツェンコさんの原動力は何なのだろう。その問いにヤツェンコさんは、「それはチェルノブイリ法を作った誇りと責任があるからです」と即座に答えた。

6　再びコロステン——戦火のウクライナへ

「法律は機能し続けます」——社会保護局長エシンさん

2014年5月、ウクライナではポロシェンコ新大統領が誕生した。欧米よりの大統領誕生でウクライナ東部では、独立を掲げる親ロシア派とウクライナ政府軍との戦闘が始まった。

戦火の続く2014年夏、再度コロステンの町を訪れた。

社会保護局事務所には、戦闘でウクライナ東部から避難してきた人たちが援助を求めて訪れていた。市では彼らに住居を斡旋して生活を支えていくという。そんな中でもチェルノブイリ補償は続けられていた。

エシン局長は東部からの避難民対策とチェルノブイリ対策の双方に追われ大忙しだった。

「現在もチェルノブイリ法は機能しています。プログラムは遂行されています。ウクライナ憲法で保障されており、だれもこの条項を撤廃できません。これは検討済みなのです。どの条項も、人間の権利を侵害しないよう、撤廃することはできません。つまり、法律は機能し続けます」

こう早口で説明したエシンさんは、法が機能している例として自らの移住の順番が少しずつ進んでいると笑いながら話してくれた。エシンさん一家はチェルノブイリ法ができたとき移住を希望し申請書を出したという。

「私の両親が出しました。当時私はまだ未成年でした。ジトーミル市に移住希望の申請書を出しました。私たちはずっと順番を待っています。今、161番目です。

順番は常に変動しています。亡くなる人がいると進みますし、登録簿も変化しています。昨年コロステン市からほかの都市に部屋を受けとり引っ越したのは3家族でした。行き先はハリコフでしたね。つまり、このプログラムは現在も機能していますし、誰も撤廃していません。私たちは、チェルノブイリ被災者が順番待ちをしているウクライナ中のさまざまな都市から常時照会を受けています。家族構成に関する証明書を更新するようにです。そして私たちは常時書類を更新しています。私には娘が生まれました。私はジトーミルに、家族が増えたという証明を送ります。誰かが亡くなれば、死亡証明を送り、こうして文書が更新されることになります。つまり、このようなプロセスが20年間続いているということです。私はあと10年位で順番が回ってくると思います」

なんと気の長い話なのだろう。30年たてば子どもは親になり、親は死んでいく。それでも遅々とした歩みの中で法律が機能し、人々はそれを必死で守ろうとしている。セシウムの半減期30年、プルトニウムにいたっては何万年という放射能に対しては、人も長いスパンでものを考える必要があるということか。

「補償は一世代限りのものであってはいけません」――パシンスカヤさん

コロステン市ではパシンスカヤさん一家を再度訪問してみた。

一家は近年自家菜園で、じゃがいもやトマト、きゅうりなどを作っている。補償が実質減額される中、食べるものは自分でまかないたいという思いからだ。放射性物質から逃げることはできないけれど、生きていくにはこの野菜を食べないわけにはいかないと、あきらめの表情だった。

移住せずにコロステンに残ることを選択したパシンスカヤさん一家は、チェルノブイリ法と共に生活してきたこの20年以上の暮らしをどのように思っているのだろうか。

「ここでは子どもたちは学校や保育園で、無料でご飯を食べることができます。学校は無料ですし、保育園も無料です。薬も一部は無料で処方されます。汚染されていないところへ、保養にも行けます。今は年に一度ですが子どもが幼い時は、二回行くこともできます。子どもが少し病気がちなときも、年に二回行くことができます。

でも政府はチェルノブイリ被災者に対する国家予算を、以前ほどには拠出しなくなりました。チェルノブイリ原発事故から時間がたてばたつほど、少なくなっていきます。

最初、チェルノブイリのリクビダートルは50歳で年金をもらえるようになりました。一般被災者は、女性であれば49歳、男性が54歳で年金をもらえました。でも年金受給年齢を57歳とする新しい法律が採択されました。つまり、私は57歳まで働かなければならないということです。ウクライナでは被災者でない人は65歳まで働かなければなりません。

91年に法律で採択された補償金は、現在に至るまで変更されていません。汚染されていない食品や健康回復に対する補償金、給与への追加金……自分の国を貧しいと言いたくありませんが、国の資金が不足していて私たちチェルノブイリ被災者の必要分に足りず、国家予算にも資金が投入されず、必要なだけ支払われていません。１９９１年から２０１３年まで、インフレが起こりましたから、当然ながら金額は引き上げられなければなりません。ですが、金額は以前のままです。口にだすのも恥ずかしいです。汚染されていない食品に対する２・10グリブナは、私たちの間では「棺桶の金」と呼ばれています。何も買えません。黒パンの塊半分くらいです。

でも私たちは被災者への補償はこの先も継承される必要があると思っています。これは一世代限りのものであってはいけません。第二〜三世代にもなければいけないものです」

細々とつながれるチェルノブイリ法は被災者にとっては最後の頼みの綱なのだ。

「法律は絶対になくてはなりません」──マスカレンコ市長

最後に市長のマスカレンコさんを訪ねた。この法律を行政側として施行してきた立場として今どのようにみているのだろうか。

「法律は絶対になくてはなりません。しかし現在の私たちが目にしている実際の状況はまったく違うものとなっています。たとえば市民は汚染地域での生活補償として10・50グリブナ受け取っています。これは内閣が決定を下したものです。しかし法律には、人々は最低賃金を受け取らなければならないと書かれています。現在の最低賃金はおよそ1000グリブナです。10・50グリブナと1000グリブナでは、もうまったく違う金額です。

一部の被災者と頭のよい弁護士たちが、国の法律違反に気がつき、すぐに裁判を起こし、誰もが勝訴しました。彼らが今受け取っているのはもう10・50グリブナという額ではありません。これは大きな違いです。住民たちは1000グリブナ以上受け取るようになりました。そして国家は、私たちの市だけで50億ほど支払わなければならないということを理解しました。

しかし、私自身は裁判を起こしませんでしたし、これからもしません。起こしてもよいのですが、市には5億もの負債が政府に対してあるのですよ。私が政府相手に裁判を起こすとしたらその負債がかたづいた後、最後の人間としてでしょう。しかし法に基づいて申請した人たちは正しいと思います。

ですから法の重要性について、またそうした矛盾、食い違いに対して一定の行動を取ることは重要です。政府も正しくないこともあるのです。

法を策定するときに、もっと考えなければならなかったのです。どんな法も経済的、財政的に熟考しなければなりません。なんでも夢想することは可能です。しかしそれをどうやって遂行するのかはまた別の問題です。これは私たちが実際に直面している問題です。

しかし、住民を守るために最大限のことをしなければならないということだけは譲ってはいけません」

被災者の心のケア

コロステン市では新しい住民サービスの動きもある。2000年に国連の支援でリハビリセンターが作られた。被災地の住民への放射能に関する正しい知識の普及と心のケアを目的としたものである。私たちが訪問したとき、粘土遊びを通して子どもたちのストレスを取り除く試みや、うつ症状を示す子どもたちのカウンセリングが行われていた。リハビリセンターの代表ビゴフスキーさんは事故後何十年たっても被災者の心のケアが必要だという。

「心理的な問題は、最初の世代から次の世代へ移行しているのです。私たちの専門家はこれを観察しています。そして国連の専門家によると、心理的影響は、チェルノブイリ原発により被災した地域で長期的に続くものだということです。

一連のシンドロームが存在しますが、最も重要だとわれわれが考えているのは、被害者シンドロームです。これは汚染地域に居住する住民が、自分のことを一生にわたり犠牲者だとみなすことです。というのも、彼らは放射能の影響下にいて、現時点では放射能の被ばく線量は少量ですが、何らかの形で影響しますし、問題は存在し続けています。

たとえば家族が森に行くとき、両親がよくこう言います。『そっちへ行ってはいけない、このキノコは放射能を蓄積しているかもしれない、ベリー類も放射能に汚染されているかもしれない、ここでは何かあるかもしれない、ほら、この流水のところは歩いてはいけない、何かあるかもしれないから』と。

これらの言葉すべてが子どもたちに吸収され、意識下に存在し、彼らはここで生活することにある種の恐怖を感じます。小さな子どもたちは、まだ意識的にこれらすべてを理解していませんが、少し成長して大人になったとき残ります。こうして私たちの住民の間に、私たちが犠牲者シンドロームと呼ぶ症候群が生まれるのです。

しかし、放射能が安全だと子どもたちに言うことはできません。子どもの潜在意識下で、放射能が安全なものとして記憶されたら、その後何を言われてもやりたいようにやるようになるでしょう。キノコを探して汚染地に行くようになるでしょう。私たちは、放射能は危険だが、どうやって削減し、改善し、克服できるかといったことを話します。つまり、住民は大人から子どもまで放射能について正しく知らなければいけないのです」

コロステンの住民の心のケアの試みは始まったばかりで、まだ手探りで効果を求めているように見えた。しかし、汚染地域で人々がこれからも住み続ける場合、大切な試みである。

原発事故被災者の救済を目的として作られたチェルノブイリ法。それを作った人たちの熱い思い、支えてきた人たちの長い戦いを、私たちはウクライナの各所で聞いてきた。その中でさまざまな欠陥を指摘されながらも、この法律をなくそうという声は一つもなかった。被災者に寄り添おうと掲げられた理想は下ろされてはいない。

（馬場）

第6章

フクシマへ

長い間、被災地で放射能への不安のなかで暮らしてきた人たちにとってフクシマの原発事故は他人ごとではなかった。取材に行っても必ず「フクシマはどうですか。心配しています」という声をかけられた。そしてフクシマの人へ伝えてほしいとさまざまなメッセージを語ってくれた。その言葉には自分たちの経験を役立ててほしいという願いが込められている。

ここではその一人一人の言葉を紹介したい。

被災者を置き去りにしないよう願っています

チェルノブイリ委員会議長で法律成立をリードしたヤボリフスキーさん。

「フクシマについて思うのは、大惨事で被災した人々は、ほかの被災しなかった日本人と異なり、何らかの特恵的待遇を与えられるべきだということです。ですが、特恵的待遇は考え抜かれたものでなければならず、地方や国家の財源を基にしたものでなければなりません。

フクシマでは原発事故の処理に大金の投入が求められています。資金を投入し、安全にする必要がありますし、復興にも多くの資金を投入しなければなりません。でも被災者の人々を置き去りにして、何事もなかった、すべて正常だということはできません。日本人はきっとそんなことはしないでしょう。われわれは、ソ連時代共産党体制の圧力をかけられている中で法律を通しましたし、ましてや日本人は彼らを置き去りにはしないと思っています。

確かに今考えると、私はチェルノブイリ法を理想的ではないと思います。しかし当時、この法律は心理的、政治的に非常に時宜にかなったものでした。

チェルノブイリ法は社会を安心させました。人々は住居を与えられました。補助金を得ました。子どもたちは大学へ入学することができました。早期に年金を受給することができました。30キロ圏内や第2ゾーンの村から避難した人々は、別の場所に移住しそこに住居を建設しました。この点ではこのプログラムは非常に首尾よく遂行されたということができます。この法律は必要なものだったということができるでしょう」

法律は将来の世代のために必要です

チェルノブイリ法制定に科学者として参加したバリヤフテルさん。

「チェルノブイリ法は人々を助けましたし、当時の人々の緊張感を取り除きました。そして同法は非常に重要な役割を果たしました。私はこの法律の策定に参加できたことを誇りに思います。それまでは避難するか、残留するかだけが定められていました。しかしわれわれは4つのゾーンを設定しました。これは正しいことでした。私は日本に対しても4つのゾーンを作るよう助言します。

移住の権利について言えば、自分で決めれば、間違った選択をしたときでさえ、後からあまりがっかりしないものです。でも選ぶ権利がなければ、一生嫌な気持ちのままですよ。何かできる可能性を与えることが大切なのです。

日本の科学は非常に高いレベルにあります。技術者もとても責任感があります。日本人はもともと責任感が強い民族だと思います。技術者は汚染地域を測定しなければなりません。汚染濃度があまり高くない場所にしか帰還させてはいけません。そして日本人の女性に汚染地域でどのように家事を行うか教えなくてはいけません。ウクライナの経験上、これは非常に重要です。

チェルノブイリ法は実質的に被災した第一世代のためだけに採択されたものではありません。第二世代、そして第三世代のためにも必要です。日本で対策を遂行する人に伝えたいことがあります。公約は正直にしなければならないと。自分の一生をかけて公約をするのだと理解しなければなりません」

私たちの苦しみの末の経験を生かしてください

チェルノブイリ法制定への市民運動を牽引し、ウクライナ独立後に初代環境大臣としてその施行に関わったシチェルバクさん。

「私は日本人を非常に高く評価しています。私は2回日本を訪問し、多くの側面を見ました。私にとっては、幻想的な国です。私は仏教寺院を訪れ、非常に高い精神性と秩序を持った国だと思いました。

そして地震の際、人々は勇敢でした。津波が沿岸の半分を持って行ってしまい、そこには何も残っていないように感じました。ただ、車がひっくり返っているだけでした。でも、どうにかして復興しました。勇敢な民族です。

私は、日本は今、国会と政治に圧力をかけるため、非常に強い社会運動を組織するべきだと思います。私なら、そうしますね。

ウクライナには二つの環境活動がありましたが、一つ目は、スローガンを叫ぶもので、これも必要です。しかし、そのほかに学術的なものもあります。ウクライナには研究者や専門家がいました。私は日本の環境専門家のことをとても高く評価しています。この運動についてきてくれそうな日本の専門家や研究者を集めて、放射線量を計測して自分たちのコンセプトを前進させることのできる専門家の活動グループを創設するべきだと思います。

次に、汚染区域から選出された議員に向けて活動し、彼らに対し影響力を持たなければなりません。国会内で自らのロビーを形成しなければなりません。でないと何も変わりません。

重要なのは、福島原発周辺に住む一般の人々を保護することです。そのため、一つの法律に区域の分類とそれら区域の制度、これら区域に居住する人々の権利を盛り込むことが可能です。一つの法律にこれらを盛り込めます。

時間が過ぎていっていることは問題です。というのは、日本で小さなプレハブの家に住む、お年寄りにお会いしたとき、彼らは『いつ帰れるんだろう？』と言っていましたから。そして彼は言いました。『もうすぐ帰れるって約束された』と。何を約束したのでしょう、真実を言わなければなりませんよ。もし町が汚染されていて、近い将来展望がないなら、人々に『もう、これは死んだ区域で、閉鎖されます。記念碑を建てましょう。博物館を建てましょう。しかし、ここに住むことはできませんよ』と言わなければなりません。真実を伝えなければなりません。

日本は強力な国家です。日本は資本主義国ですが、国家はいつも予備の土地や国の資金を持っていますし、国家予算を持っています。国は予算を分配しなければなりません。予算に、環境活動家が主張したことが1行書かれていることが重要です。私たちも予算内に、このチェルノブイリ補償はチェルノブイリ原発事故による被災者を対象としたものだとする1行を記載させることが重要でした。つまり、この1行が書かれていなければ誰も何ももらえないということを予算配分担当者は知っているのです。

広島や長崎ではかなり厳格なモニタリングが行われましたよね。フクシマでも医療調査やモニタリングを行わなければなりません。人々は子どもの健康を心配しており、これ自体が非常に重要な問題です。子どもたちの健康の回復です。彼らを汚染されていない区域に連れて行き、放射性核種を浴びなくていいようにする方法を考えなければなりません。ウクライナの子どもたちはヨーロッパの多くの国に招待されます。アイルランド、デンマーク、キューバにも招待されました。社会主義国キューバには無償の医療があり、彼らは今もウクライナの子どもたちをキューバに招待してくれているのです。

日本でこれから起こることをご覧になるとき、私の言ったことを思い出すでしょう。今、日本から多くの人がウクライナにやって来て情報を得ていきます。ここで彼らは、どう戦うことができ、何をしなければならないかを目にすることができます。ウクライナには一連の代議員になった活動家がいます。彼らはチェルノブイリの後遺症に声を上げ、チェルノブイリについての真実のために戦い、代議員になり、政権の座につきました。そして、多くの肯定的なことを行ってきたのです。

日本政府にはここで日本に適用できるものを研究し、検討できる専門家をもっと派遣してほしいと思います。苦しみの末に得られた私たちの経験が、誰にも必要とされないままであってはなりません。これも私の大きな願いです。

そして最後に申し上げたいのは、どの原子力発電所も反応速度の遅い核爆弾であるということです。時計がカチカチと音を立て、いつ爆発するかわからないということです」

ウクライナでは国がすべての責任を負っています

現在ウクライナ非常事態省でチェルノブイリ問題を担当する責任者ソバさん。

「チェルノブイリ被災者、最も被害を受けた人々にとっては、チェルノブイリ法は非常によいものです。つまり、同法が完全に財政的に実現されていれば、チェルノブイリ被災者たちは、全方面から保護されます。彼らは必要であれば住宅も保障されますし、障害者には自動車も確保されますし、旅行、無償の薬、医療サービスが保障されます。

ですが、財政的困難があるので、当然ながら私たちの被災者たちは時々、法律の規定するものが受給できずに不満を抱えます。これが否定的な面です。財政問題のために、法律の規定する特恵的条件のすべてが実現できるわけではありません。

どうするのがいいか、さまざまな意見があります。日本でもそうでしょう。事故がもたらしたこの損害に対し一時金を支払い、あとは忘れるか。あるいは、人が生きる一生の間、支払いを続けるのか。たとえば日本でどうすれば最良なのか私にはわかりませんが、ただ一つ言えるのは、医療サービスは被害者に対し一生恒常的に提供しなければならない、これは絶対だと思います。

その他の補償に関しては、一部を削除するべきかもしれませんが、ウクライナの最高会議は、『法律からある特恵的条件を削除しよう』と言うことはできません。ウクライナ憲法で、新たな法律が採択されるとき、絶対に旧法で規定されていたよりも社会保障が縮小されてはならないとなっています。つまり、チェルノブイリ法の規定するすべては、ウクライナ憲法によって保護されています。そのため、これら特恵的条件は存在し、これからも存在します。

いずれにしても国家が、この出来事に対するすべての責任を負っています。国家は、人々がチェルノブイリ原発事故の結果負った損害を補償する義務を負っているのです」

中心には人間がいなければ

チェルノブイリ法制定を決断し、ウクライナ初代大統領としてその実施を指揮したクラフチュクさん。

「チェルノブイリはまだ終わっていません。チェルノブイリに行き、空っぽの村や打ち捨てられた広大な地域を目にするとき、チェルノブイリの苦しみはまだ人々の記憶や心の中に生きていると感じます。生きた有機体のようにこれらすべてが鼓動しているのです。この問題と共に生きて、解決して、新たな状況が生まれたときに、人間にとっての損失がなく、何らかの物質的、そして特に医学的影響がないことを私たちが目にするとき、何かを解決したといえますが、今はまだだめです。

私は、全ての人々が……チェルノブイリの子孫が自分の労働や、自分の専門分野、職業的知識、実践の場で自分の場所を見つけ、収入を得るようになるまで、国家は責任をもたなければならないと思います。

被害を受けた世代は亡くなっていきます。これは自然のプロセスであり、命は永遠ではありえません。もちろん、将来はこの法律を見直すことができます。ですが今、被害に遭って、治療を受けなければならず、この不幸を現在でも生活の中で感じている人々がまだ存命のうちは――これはやってはいけません。

それは第一に、非人道的です。第二に、人々の反対運動や社会的不満が発生する可能性があります。それは、この人々にとって社会基準の原則の違反なのです。そのため私たちはまだこのプロセスを始めません。暦上でいつこれが起こり得るか、私には分かりませんが、分析的に、冷静に、人々に助言し、どのような可能性があるか、この問題をどう解決するか示さなければなりません。つまり、問題が永遠に続くということはありえません。

もし私が現在、原子力以外の発電方法を提案することができれば、私はすべての原子力発電所を停止するよう提言します。ウクライナでは電力の42％が原子力発電によるものです。もしこれらが今停止したら、私たちには発電源がなくなってしまいます。国民経済、全ての企業が停止します。

現在私たちは別のものに置き換える方法を探そうと努力しています。太陽発電、風力発電、さまざまな廃棄物を利用したバイオ発電などです。固形ゴミのコンテナの上に小さな発電所を建設しています。水上に小さな水力発電所があります。つまり、電力を増やす方法を見つけるためにすべてを利用しようとしています。ソ連時代にやっていたように、原子力発電だけに頼るようなことはしていません。

安全性を考えれば……私はフランスに行ったとき、非常に高いレベルの原子力発電所を見ました。でも、危険性は常にあります。日本でも、安全性レベルは高かったでしょう。ですが、地震や津波があって、どれだけの不幸が人々を襲ったことでしょう。そして、どれだけの苦しみを、日本国民は耐え抜いたことでしょう。

私たちはまだ全ての影響を知りません。おそらく、まだ時間が必要です。日本はわれわれチェルノブイリの経験をご覧になるべきだと思います。国家と国民が当時チェルノブイリ被災者救済のイデオロギーをいかに支援したか、どのように移住し、どのように建設したかをです。これは大きな歴史の物語です。非常に複雑で辛いものですが、事故は存在したのです。歴史はこれを知らなければなりません。誰も、どこでいつこの不幸な出来事が繰り返されるかはっきりと言うことができません。もう、誰にも苦しんでほしくないのです。これは私たちの願いです。歴史はいつも非常に複雑です。そのため過去の経験を見直さなければなりません。

最も複雑で、最も辛い状況でさまざまなことを選択しなければなりませんが、その時、中心には人間がいなければなりません。人間に対して人道的でなければなりません。人間が苦しんでいるのに、経済を考えて助けないということは、どうやっても正当化することはできません。人間は、そもそも社会において保護されているべきです。そしてさらに、人が自分のせいではないのに辛い状況に陥ってしまったときには、この人は二重に保護されなければなりません。言葉や気持ちだけでなく、法律によってです」

時とともに忘れ去られることのないように

チェルノブイリ法実現に向け被災地の声を代弁、そしてウクライナ独立後も被災地の市長として市の復興に努めてきたマスカレンコさん。

「日本では、時とともにすべて忘れ去られてしまうというようなことが起こらないようにしてください。誰も忘れることがないように、今その礎を築く必要があるのです。私たちの国では残念なことにそうはなりませんでした。

最初の時期は非常に良かったのです。『チェルノブイリ省』というのがあり、チェルノブイリ大臣がいたときです。かつてはそういう省庁があったのですが、その後、『非常事態およびチェルノブイリ省』という名称になり、その後は、そこからチェルノブイリという言葉が完全に削除され、今では皆、そのことすら忘れ去ろうとしています。

かつては非常にたくさんの施設が建設され、放射能を考慮し多くの道路がアスファルト舗装されました。ほこりが飛び散らないようにするためです。通信サービスのための資金も得ました。ガスの引き込みもありました。１９９４年に市に天然ガスが引かれたときには、非常に大きな経済発展がありました。生活の哲学そのものがすっかり変わりました。それまでは何百という重油ボイラーを使っていました。これはチェルノブイリの肯定的な改善点でした。いくつかの工場は特恵的条件を利用していました。すべては連邦国家の管轄下にあり、援助を受けていたからです。

それから、７階建てのクリニックが建設され、日本と共同で診断センターが作られました。私たちは場所を提供しただけで、機材、人材など、すべて提供してくれ、指導もしてくれました。このことに対して、私は日本にとても感謝しています。すべて覚えているわけではありませんが、第一段階は多くの成果がありました。

市民たちは、法の範囲内で積極的な行動を取ってきました。ただ座って、何か与えてくれるのを待っているだけでは、何も起こりません。私たちは自分たちのイニシアティブで何かやるということがよくあります。私は日本に行ったとき、人々に、政府の言うことをただ聞いているだけでなく、あなた方に必要なことを始めるようにと訴えました。市長たちには市民に選ばれたのだから、市民のために働いてくださいと言いました。さまざまな見解があったと思いますが、多くの市長がこの言葉を理解してくれたと思います。

なぜなら私たちは多くのことを自分たちでやっています。ウクライナ政府やジトーミル州が何か言ってくれるのを待っていません。逆に彼らの言うことなど聞きません。なぜなら邪魔ばかりするからです。たとえば公園を作りたいと思えば、ビジネス界のリーダーたちを集めて解決し、行動に移します。そのようにして、記念碑を作ったり、噴水を作ったり、道を作ったりしています。スタジアムを作りたいと思ったとします。国家が資金を拠出してくれればそれに越したことはありませんが、国は何も出してくれません。ですから自分たちで人を集め、何かするのです。何の努力もせずに、国がお金も可能性も与えてくれるなどということはないのです。

もうひとつチェルノブイリから学んだことは、最大限に情報を与えていくというやり方をするべきだということです。私たちは、市が遂行しているあらゆることをサイトに掲載しています。今日、あなた方とお会いしましたが、それも明日、あなた方とどのようなテーマで対話したのかということを皆さんに読んでもらえるようにします。つまりすべて完全にオープンにするということが大切です。

私たちは事故の影響は時間が経つにつれあらわれてくるだろうと警告されていました。私たちはその言葉の証人となりました。人々の健康状態からそう判断しています。

少量の放射能による影響についてはあまり研究されていません。これは学術調査の大きな対象です。大量の放射能を浴びても何の影響もないという人もいれば、少量しか浴びていないのに疾病が発生したという人もいます。残念ながら、私たちの健康状態は誇ることのできないものです。免疫システムの崩壊やその他の問題があるからです。そのことで私たちは非常に不安を感じています。チェルノブイリ対策は人間の利益に基づくべきです。人が快適に感じ、健康であることが大切です。そのために私たちは働かなくてはいけないと思っています。

私はフランスを訪れたとき、彼らはチェルノブイリの環境問題は過去のことで、すべては過ぎ去ったと考えていました。しかしフクシマの事故発生以降、また世界で見方が変わってきたと思います」

法律だけが、私たちを助けてくれます

被災地コロステン市に残ることを決意し生活を続ける住民パシンスカヤさん。

「私たちチェルノブイリ被災者に残された時間はそんなに長くありません。

私たちの健康は害されています。チェルノブイリに近い区域に住んでいるからです。もしこの区域を見直して被災地から外したら、私は65歳からしか年金生活に入れません。つまり、寿命からいって年金はほぼ受給できません。私はそこまで生きられないでしょう。ここでは40歳以降、心臓や何かの病気を抱えこみます。40歳を過ぎればもう……特に運動機能、背骨や脚などに誰もが問題を抱えます。放射能が骨に影響するのです。

国家は私たちに同情するべきです。ですが、全てが国民のためになされていないのが悔しいです。政治家は自分の懐を肥やしてばかりです。汚染区域を解除しようともしていますし……新聞に、ここを第3ゾーンから外そうとしていると書かれていました。人々は集会を開き反対を表明しています。現在はまだここでストップしています。人々はキエフでも、ここコロステンでも表通りに出て、ストライキを起こしました。今残っているわずかなものだけでも、せめて年金受給年齢や健康回復休暇だけでも私たちから奪わないでほしいのです。汚染区域指定を外さないでほしいです。

ここに住んでいない議員にはお金がもったいないのです。お分かりになりますか？　もし議員の両親がここに住んでいたら、議員はここを絶対に汚染区域から外しません。それか、どこか別のところに住まわせたでしょう。彼らは自分のことばかりにかまけて、他の人々のことは考慮していません。彼らはわざとやっているのです。私たちのことを少しずつ忘れていくように。忘れてしまえば、問題は存在しないし、今私たちにあるものを撤廃することができるからです。チェルノブイリ汚染地域は閉鎖され、私たちは汚染区域から外されます。それで終わりです。私たちは他の地域と同じように生活することになります。保養のための旅行もなく、何の特恵的条件もなく、何の追加金もなくなります。

悔しいです。ただ、ただ悔しいです。

チェルノブイリ原発で事故が発生したことについて、私たちには何の責任もありません。だから私たちに、自分たちの作った権利を使って最後まで生きられる可能性を与えてほしいのです。

まだ法律があるうちは、私たちは何かを要求することができます。

放射能は、火事や地震のように、再興されたら、忘れられて、もう大丈夫というようなものではないのです。目に見えないですが、存在するのです。放射能はその影響をこれからも長期間与え続けるのです。苦しみは続きますし、私たちには国から何らかの権利や国の補償が必要です。私たちには罪はありません。

日本のフクシマのことを考えると、これから何が待っているのかと心が痛みます。自分で調べ、自分で考えることが大切です。

私は、法律だけが保護してくれると思っています。人の記憶は短いものですから。法律ができて20年以上が過ぎました。当時生まれたばかりの人は、すでに20歳を過ぎました。この人たちはチェルノブイリ事故について何も覚えていません。ですが、法律は存在しています。法律だけです。人々が自分の権利を知るために必要です。これだけが私たちを助けてくれます」

（馬場）

第7章 チェルノブイリ法と日本

1 法律があることで何が変わるか

パシンスカヤさん一家が住むコロステン市は、チェルノブイリ原発から約110キロメートル。立ち入り禁止の30キロ圏の外にある。当然国からの避難指示はなかった。しかし、事故後の風向きの影響で、コロステンの一部は高い汚染を受けた。この地域で、チェルノブイリ法は人々の生活をどう支えてきたのか。

コロステン市の中でも、パシンスカヤさんたちが住んでいるのは「第3ゾーン（保証された自主的移住ゾーン）」にあたる地域。ここでは「移住の権利」が認められている。

1章で紹介したホダキフスキーさんは、1991年にチェルノブイリ法ができると、幼い子どもを連れて他の町へ移住した。引越し費用が支給され、移住先での住宅を確保してもらうと同時に、働き口も見つけることができた。「移住権」が認められたおかげだ。チェルノブイリ委員会のヤツェンコ氏が「人々が自分の事を『農奴』だと感じないために」と言ったのは象徴的だ。ロシアやウクライナでは、「農奴」とは単に搾取される小作人ではなく、同じ土地に縛り付けられ、「移動」を禁じられた人々であった。

しかし「移住権」があっても、皆が移住するわけではない。パシンスカヤさん一家のように、両親を置いていけない、住み慣れた町を離れたくない、といった気持ちから、コロステンに残った人々の方が多い。

地域に残った人々にも被害リスクに応じて、国からの支援がある。この「第3ゾーン」に住む人々には、健康診断や医薬品が無料になる。毎年、保養へ出かける費用も減額される。14日間の追加有給休暇が認められるため、まとまった期間保養に出かけることもしやすい。パシンスカヤさんの場合、公共交通機関も無料になっている。これは病人としての認定を受けているためと思われる。

「自己負担で引っ越す」か「何の支援もなくとどまる」かという自己責任論ではない。他の地域に移り住むことを決断した人々には、移住に伴う住居や仕事の心配をできる限り取り除く。住み続ける人々には、保養や健康診断、生活上のサポートがある。これを通じて、汚染を受けた地域に住むリスクをできるだけ小さくするのだ。

汚染度に応じたリスクを認めて、国が支援することを約束しているからこそ、住民は将来の展望を持つことができる。「移住の権利」があっても、コロステンでは多くの住民が町にとどまった。ホダキフスキー氏のように、子どもが小さいうちだけ移住して、のちに戻ってきた人々もいる。「コロステンに住んでいても、見捨てられない」、「保養や健康診断、医療の支援がある」と思えるからこそ、人々は残り、町は存続し続けた。

「安全だから住み続けましょう」、「危険はないから戻りましょう」というのではない。国が責任を持って、ありうる健康リスクを低減するという約束がある。その約束は法律に書き込まれ、簡単には破棄できない。

それでこそ、人々は住み慣れた地域に残る選択もできる。そして一度移住した人々も、やがて帰ってくることができるのだ。

2 ウクライナと日本の比較

コロステンは避難指示区域（30キロ圏等）の外にある。強制避難は行われなかった。しかし、移住を希望する人々を国が支援している。地域に残る人々にも、健康診断や毎年保養に行くためのサポートがある。

日本ではどうだろうか。避難指示区域の外で、どんなふうに移住や健康・医療面での支援がなされているのか。

もちろん日本とウクライナの単純な比較はできない。チェルノブイリ法成立当時、ソ連諸国で土地私有制度がなかったことなど、前提条件の違いは考慮しなければいけない。しかし、日本でも、チェルノブイリ被災地と同様、医療支援や避難者支援の問題が生じている。チェルノブイリ法を遠い国の制度として見るのではなく、われわれの問題にひきつけて考える必要がある。

福島第一原発事故後、日本政府がとってきた避難者支援、被災地住民支援の取り組みを振り返ってみたい。

避難者の支援

事故後に、まず国が避難指示を出したのは原発周辺「20キロメートル圏」である。この「20キロ圏」には後に「警戒区域」が設定された。

また「20キロ圏」からは外れるが、放射線量が特に高く「年間20ミリシーベルトの積算線量に達するおそれのある」地域は「計画的避難区域」となった。この「計画的避難区域」からも、国の指示で住民が避難している（口絵2参照）。

20キロメートル圏の外で、地域の積算線量が「20ミリシーベルト／年」を超えないとされる場合、国は避難指示を出さなかった。

しかし、これら避難指示のない地域でも放射線量は高まっている。土壌汚染度や積算線量予測で見れば、チェルノブイリ法の第3ゾーン（コロステン）と同程度の地域もある。それよりも線量の高いホットスポットも見つかっている。（なお、日本において積算線量は空間線量からの推定値であり、チェルノブイリ被災地の推定法のように内部被ばくは考慮されていない。）

放射線に不安を抱き、自主的に避難した人々は少なくない。「避難した方がよいのではないか」と考えながらも、さまざまな事情で地域に残った人もいる。

日本でこれらの人々に対する支援は、チェルノブイリ法の第3、第4ゾーンの人々への支援と比べて、手薄なことが目立つ。

表7-1　福島第一原発事故に伴う避難指示区域設定の経緯

区域	設定日	設定基準
警戒区域	2011年 4月21日	福島第一原発周辺20キロ圏。 区域に残留したり、立ち入ったりする居住者の安全を確保することが困難であるほか、同区域外への影響も懸念されるため。
計画的 避難区域	2011年 4月22日	事故発生から1年の期間内に積算線量が20ミリシーベルトに達するおそれのある区域。
緊急時 避難準備区域	2011年 4月22日 （＊2011年9月解除）	福島第一原発周辺半径20キロから30キロの区域。 同事故の状況がまだ安定せず緊急に対応することが求められる可能性があり得ることや屋内退避の現況を踏まえ。

出所：各種官公庁のリリースをもとに尾松作成

避難指示区域の外でも、23市町村が「自主的避難等対象区域」と認められ、賠償の対象となった。事故当時この「自主的避難等対象区域」に住んでいた人々には、精神的苦痛や生活費の増加に対する賠償金が支払われた。

しかしこれは一時金である。避難した人々が、避難先で長期間住宅を借りたり、仕事を見つける資金としては全く足りない（事故当時18歳以下の住民、妊娠していた住民には40万円。それ以外の住民には8万円）。定期的に保養に行ったり、汚染されていない地域の食品を取り寄せたりするための費用としても足りない。

この23市町村以外、そして福島県外から避難した人々にとって状況はさらに厳しい。

この「自主的避難等対象区域」という賠償上の位置づけもなく、単に「勝手に出ていった」とされるのである（口絵3参照）。

それでも、福島県からの避難者であれば避難先で住宅支援を受けることができた。今回の大震災に関して、福島県全体が「災害救助法」の対象となったためだ。

しかし「災害救助法」は、本来、津波や地震災害による避難を対象にしたものである。短期的に、応急処置として仮設住宅を提供する。

もともと2年を期限とした住宅支援が、今回は避難の長期化を受けて、1年ずつ延長されてきた。避難者の人々は、いつ住宅支援が打ち切られるか、不安のなかに置かれている。

津波や地震で住居が倒壊した場合には、復旧が進めば、元の家に帰る見通しもつく。しかし、原発事故の場合、家が建て直されたとしても、地域によっては、放射線の影響が長く続く。「災害救助法」はもともと、原発事故による長期的避難、という状況を考慮した制度ではないのだ。

小さな子どもを抱えて、母親だけが避難してきた家庭も多い。多くの母子避難家庭では、フルタイムで働くこともできず、家賃を支払うことは難しい。この住宅供与が命綱となってきた。

平成27年6月に、福島県は、平成29年3月末でこの住宅供与を打ち切る方針を発表した。その後も個別の支援策を検討するとされているが、避難者にとって今の住居に住み続けられる保証はない。

「これ以上追い詰められたくない。追い詰めないでください」

自主避難者の人々からは、悲痛な声が上がっている。

被災者の健康保護

健康診断や保養についてはどうだろうか。

コロステンは避難指示区域ではない。コロステンのあるジトーミル州は、「福島県」のような原発立地県（州）でもない。

それでもコロステン（第3ゾーン）に住むパシンスカヤさんたちは、年に一度の健康診断を無料で受けている。またこの地域の住民には、保養に行くための費用も7割支給される。これは、コロステン市が自主的に行っている支援ではない。チェルノブイリ法が約束し、国の予算で保証された制度だ。

一方日本では、長期的な公的健康診断の対象となるのは、福島県の住民（事故当時福島県に住んでいた人々を含む）だけだ。いわゆる「県民健康調査事業」である。この調査事業で、住民の被ばく量推定、事故時18歳以下であった住民の甲状腺診断等が行われている。

「健康調査事業」の財源には、国からの出資もあるが、県からの出資、東京電力からの賠償金も含まれる。その意味では、ウクライナで実施されている「国による健康診断」とも違う。健康診断の項目や実施頻度についても、住民の側から「不十分」という声がある。

とはいえ福島県に関しては、県全体が健康調査の対象になる。では、宮城県や栃木県、千葉県等、福島県以外はどうなるのか。放射能汚染に県境（州境）はない。福島県外へも、放射性物質は拡散した。宮城県南部や栃木県北部には、福島県内の一部地域より、汚染度が高い地域もある。

これらの地域でも、放射線への不安から避難した人々がいる。定期的な健康診断や保養を求める住民も少なくない。

それでも一歩福島県の外に出れば、この「県民健康調査」の対象外なのだ。

政府は一貫して「福島県外では、健康への影響は考えられない」、「県外では国による健康診断は必要ない」という説明を繰り返してきた。

たとえば平成25年2月19日参議院予算委員会で、福島県外での健康診断の必要性について、内閣総理大臣は次のように答えている。

福島の近隣県においては、宮城県も含めて、事故後、それぞれの県が主体となって専門家から成る有識者会議が開催をされて、健康影響が観察できるレベルでないことから、科学的には特段の健康管理は必要ないとの結論が出ているというふうに承知をしておりますが、しかし一方、福島県の近隣県の住民の中に放射性物質の汚染に対する大きな健康不安を持つ方がいるということは認識をしております。それは当然のお気持ちなんだろうと、このように思います。

国としては、こうした福島県外の住民の方々の健康不安を解消できるように、まず放射線による健康影響等に関する国の統一的な分析結果の提供、そして住民から直接相談を受ける保健福祉医療関係者等に対する放射線による健康影響等に関する研修、そしてまた住民向けの放射線の健康影響に関するセミナーの開催といった対策を実施しているところでございますが、今後とも正確な情報と知識を丁寧に提供し、国の責任として健康不安の解消にしっかりと努めていきたいと思います。

不安解消のための説明や情報提供はするが、健康診断や医療上の支援をすることはない。これが政府の立場である。「あくまで福島県の一部だけの問題」という位置づけなのだ。

事故後、1ミリシーベルト／年の積算線量に相当する放射線量が関東にまで広がっていた。原子力規制委員会が公開した放射線量マップを見ても、明らかだ（口絵4参照）。

これらの地域では、子どもの健康を案じる保護者たちが、自治体に働きかけ自主的に甲状腺検査を行う取り組みもある。これは、住民たちの根気強い働きかけで実現したものだ。国が責任をもって、長期的にサポートする姿勢は見られない。

また、福島県内でも、県民健康調査の受診率は低下する傾向にある。診断結果の扱いなどについて、医療機関に対する不信感を持ち、受診を拒む人々もいる。事故直後から「安全である」と繰り返してきた県や国の医療関係者への不信感は根深い。また「どんな結果が出ても、結局、放射能とは関係ないと決めつけられる」との声もある。

ウクライナでは、事故30年後の今でも、健康診断の実施率は9割5分以上と高い。現場の医師たちの努力というだけでは説明がつかない。

健康診断で疾患が見つかった場合に、チェルノブイリ法は甲状腺がんに限らず国による補償を約束している。その約束と担保があってこそ、住民は疾患の早期発見のため、毎年健康診断を受け続けるのだ。

表7-2　避難指示区域外の地域での「移住支援」と「健康保護」　日・ウ比較

比較項目	コロステン市（第3ゾーン）	避難指示区域外の自治体（日本）
対象地域設定の基準	追加被ばく量「1ミリシーベルト/年」を超えうること	被ばく量を基準にした、支援対象地域の設定はない
避難者への支援	国として「移住」のための住宅・雇用の支援、財物補償等	災害救助法に基づく期間限定での住宅支援（福島県内の地域からの避難者のみ対象）
住民の健康保護	国の予算による薬品・健康診断無料化、保養費減額	県の基金による県民健康調査（福島県外は対象外）

出所：チェルノブイリ法、東京電力資料、福島県資料をもとに尾松作成

3　原発事故に向き合う「国の責任」

ウクライナでは原発立地県（州）以外でも、長期的な健康保護対策を国の責任で行っている。一方日本では、福島県外の住民への健康診断や医療支援に、国は消極的である。

ウクライナでは、避難指示が出ていない地域にも「移住権」を認めて、国が避難者の選択を支援してきた。日本では、「避難指示区域」外の住民に、国が自主的避難の支援をする姿勢は見えない。

どうしてウクライナと日本でこのように差が出るのか。

原子力発電所事故の影響で苦しむ国民を前にして、国の根本的な姿勢が問われている。

ここまでコロステン市を例に、自主避難者支援、住民に対する健康保護を中心に比較してきた。注目すべきなのは、引越し支援や健康診断だけではない。

全住民が避難した後の地域（30キロゾーン等）を誰の責任で管理するのか、これから数十年続く事故処理作業・廃炉作業に従事する人々の健康管理をどうするのか。チェルノブイリ法は、日本に多くの問題を突きつける。

もう一度、チェルノブイリ法の条文に立ち戻ってみたい。2章でも紹介した、チェルノブイリ法13条だ（傍線筆者）。

国家は市民が受けた被害を補償する責任を引き受け、以下に規定する被害を補償しなければならない。（中略）

チェルノブイリ大災害によって被害を受けた市民およびチェルノブイリ原発事故の事故処理作業者に対する、時宜を得た健康診断、治療、被ばく量確定を行う責任もまた国家にある。

チェルノブイリ事故後の政府の対応の遅れ、情報の隠蔽などにより、多くの国民が、通常ならあり得ない量の被ばくを強いられた。被害の影響は長期に及ぶ。それが放射線の直接の影響かどうか不明だとしても、実際に多くの国民が苦しんでいる。苦しむ人々に、国はどう向き合うべきなのか。苦しむ国民との信頼関係を取り戻し、国として存続し続けるために、何が必要なのか。

原発事故の被害から国民を守る国の責任は、ウクライナ憲法にも書き込まれた。チェルノブイリ法の成立から5年、１９９６年に制定されたウクライナ憲法の第16条は次のように国の責任を規定する。

ウクライナ領内における環境安全の保証・環境バランスの維持、地球規模の大災害であるチェルノブイリ大災害の被害克服、ウクライナ国民の遺伝給源の保護は国家の責任である。

このように国家責任が憲法に明記されている。

「地球規模の大災害」という評価もあらためて憲法に示した。原発が立地するキエフ州だけの問題ではない。さらにはウクライナ一国にもおさまらない地球規模の「大災害」である。だからこそ、その大災害の被害からは、国が国民を守るしかない。その決意が示されている。

クラフチュク初代大統領をはじめ、チェルノブイリ法の生みの親たちは、この憲法条文策定にも尽力した。憲法制定以降、チェルノブイリ法はこの憲法16条の理念を具体化し実現するための役割を担ってきた。

福島第一原発事故から5年が経過しようとしている。いまだ、日本には「原発事故被害から国民を守る国の責任」を明記した法律はない。政府は原発事故対策で「国が前面に出る」というコメントを繰り返す。しかし、それは「国家責任」を認めるということではない。本来、電力事業者（東京電力）の責任であるが、国としても支援する、ということに過ぎない。結果、被害者の立場は曖昧なままになり、将来の展望は見えない。

日本でも法律で「国は、これまで原子力政策を推進してきたことに伴う社会的な責任を負っている」と認めている（「原子力賠償支援機構法」や「子ども・被災者支援法」）。

しかし事故の責任は電力事業者が負うことになっている。電力事業者の賠償でカバーしきれない部分について、国がある程度の支援をするだけだ。

チェルノブイリ法のように、「これから生まれる子どもも含めて、原発事故被害から国民を守る」という国の約束がない。

被災者の「国に対する不信感」、「失望感」は深まっている。この国への不信感が、やがて国の政治・法律の全てに対する不信感、社会的信頼の崩壊につながる危険もある。「法的ニヒリズム」（法律はどうせ守られないという投げやりな社会的態度）と呼ばれる状態だ。そうなれば、法治国家としての基盤すら揺るがしかねない。

チェルノブイリ被災地では、被害の隠ぺいや、被災者救済の出遅れが、大きな反対運動の引き金となった。それが、ソ連という大国の解体に向かう土壌を作ったことを忘れてはいけない。

ソ連というシステムへの信頼が徹底的に失われ、その失望を背景に、自国民を守る決意でウクライナは独立した。

私は国防費すら削減しましたよ。国内軍の予算を削減しました。私たちは、誰に多く拠出するか検討しましたよ。教育、科学——あるいはチェルノブイリ。結局のところ、チェルノブイリにしたのです。国の利益全体や国の将来にとっての損失を伴ってまでもです。私たちには、チェルノブイリによって被害を受けた人々を不幸なままにしないという原則がありました。もちろん、国家が責任をとるということです。チェルノブイリに関しては、国家が完全に責任を持ちました。人々には何の罪もありませんでしたし、彼らは大惨事のせいで被害を受けたのですから。（ウクライナ共和国初代大統領クラフチュク氏）

ウクライナが国として、もう一度国民との信頼を築き上げるためには、ソ連が見捨ててきたチェルノブイリ被災者の保護が、必要最低条件だったのだ。

4 チェルノブイリ法が支えたもの

本書では、チェルノブイリ法を作った立法者、被災者支援を担当する行政職員、数人の被災者の証言を伝えてきた。

これはあくまで証言者それぞれの思いや意見である。法律が成立したのは25年も昔のことであり、証言者の記憶違いもある。被災者や支援担当職員でも、この複雑な法体系をすべて理解しているわけではない。

支援の実施状況や補償金支払い額などについて、証言が食い違うことも多い。同じ法律でも、地域によって、実際の運用が異なることもある。それでもこの法律の重要な特徴は見えてきた。

「チェルノブイリ法が支えたものは何か」を考えてみたい。この法律は25年間、被災者にとってどんな助けになったのか。

このことを考えるに当たり、二つの視点が必要である。

一つ目は、実際に法律で約束された支援策がどの程度いきわたっているのか。財政難のなかで、それでも優先的に実施してきたことは何か。

二つ目は、この法律ができたことで、社会の原子力事故への考え方がどのように変わったのか。被災者の権利についての意識がどのように浸透したか。

少しでも充実した補償、実のある支援を求める被災者にとっては、一つ目の視点がすべてである。それは否定できない。しかし、なぜこの法律が必要だったのか、社会的な意味を考える上では、二つ目の視点も忘れてはいけない。

チェルノブイリ法は欠陥法なのか

一つ目の視点で見る限り、少なくとも1990年代末の経済危機以降、チェルノブイリ法の実施状況は、「十分」というには程遠い。

財政難を背景に、補償金額は減らされてきた。法律では最低賃金の○○%、最低生活月額の○○%と示された支援金であるが、実際には各年の予算案に基づいて減額調整されてしまう。「国は法律で約束した補償を払っていない」という声を、被災者からも多く聞く。住宅の支援でも、新規の建設の補助は認められにくくなり、多くの希望者が長い順番待ちを強いられてきた。

それでもウクライナが譲らずに続けてきたのが、被災者の健康にかかわる政策だ。特に全被災者を対象にした健康診断には、特別な力を入れてきた。

近年でもリクビダートルの97・3〜97・8％、成人被災者の95・2％、被災児童の99・2％が健康診断を受けている。

25年にわたって全国規模の健康診断を続けてきた。だからこそ健康被害について、WHOやIAEA等の国際機関とは違う、自前のデータを提示することもできるのだ。この健康診断に基づくウクライナの報告書が、批判的な意見も含め、原発事故被害についての議論に一石を投じたことは否定できない。

「チェルノブイリ法は非現実的。予算に見合った法律を作るべき」と指摘する人々でも、医療支援を削るべきとまでは言っていない。おおむね、皆、生涯にわたる健康診断や医療支援の必要性を認めている。

また限られた予算のなかでも、優先的に子どもを保養に行かせる取り組みは続けられてきた。たとえば2010年の保養申請に対して、国は11万1383件の保養クーポンを購入し、うち7万1194件（6割以上）を被災児童に割り当てている。

財源の限界で、希望する被災者全員に保養クーポンを支給することはできていない。ソバさんの証言（145頁）からもわかるように「子どもが優先」だからだ。

学齢または学齢以前の被災児童の救済、治療、リハビリ（心理的リハビリも含む）は、チェル

ノブイリ大災害の被害克服に関連するあらゆる医療プログラム・支援策における優先方針である。（28条）

このチェルノブイリ法の「優先的に子どもを守る」という約束があったからこそできたことだ。法律を作った人々の思いと、その約束をしがみついても実現しようとする現場の努力で続いてきた。そうでなければ、財政難のなかでまっさきに切り捨てられていただろう。

チェルノブイリ法の真価

確かに、度重なる政治変動や、経済危機に見舞われたウクライナで、チェルノブイリ法の約束は十分に履行されていない。財政難の現実のなかで、本来望ましくないことだが、「選択と集中」が行われている。

このことをもってチェルノブイリ法について「財政難で実現できていない」と切り捨てる論調が目立つ。しかし、「財政難にもかかわらずやり続けていること」に目を向けるのが本当に意味のあることなのではないか。そこにこそ、持続可能な制度を考えるヒントがあるはずだ。

チェルノブイリ法は当初、被害を受けた人々に、ソビエト市民として受けうる最大限の社会的特典を与える願いを込めて作られた。家電製品の支給や電話の取り付け、自動車の支給など、一見「原発被害者支援」と関係のない特典が盛り込まれているのもそのためだ。

それらの特典の多くはすでに削減され、または後回しにされている。

「社会的特典についての法律」としてのチェルノブイリ法は、ウクライナでは長く続かなかった。しかし、被害を受けた人々の健康にかかわる支援策、特に子ども、次世代の健康保護に関わる支援策は、優先的につづけられている。


チェルノブイリ大災害によって被害を受けた市民およびチェルノブイリ原発事故の事故処理作業者に対する、時宜を得た健康診断、治療、被ばく量確定を行う責任もまた国家にある。(13条)

この約束だけは必死に守ろうとする取り組みが、何とか続けられてきた。「命を守るための」法律としてチェルノブイリ法は生き続けている。

立法者たちは、時間の流れの中で問題意識が風化することを予見していた。だからこそ、ウクライナ・チェルノブイリ法は、改正しにくい条項を網の目のように仕掛けている。

それでも時間は流れ、国の形は変わっていく。直接の被災者から見て、孫の世代が育ちつつある。いつしかチェルノブイリを知らない子どもたちが社会に出る。クラフチュク初代大統領やチェルノブイリ委員会の思いを知らない世代の政治家たちが政権を担う。その時に、「命を守るための法律」としてチェルノブイリ法が生き続けることができるのか。ウクライナの未来にもかかわる問題である。

「補償金が払われていない」、「立派なことは書いてあっても結局できていないではないか」とチェルノブイリ法を運用面から批判することは容易い。実際、日本政府はチェルノブイリ法についての調査報告書で、「財政難を引き起こす法律」、「失敗した移住策」と強調してきた。

そこから、「どうせちゃんと実現できないなら被災者保護法などいらない」、「財政負担にならないように被災者支援は切り詰める」という「無策の推進」まではあと一歩でしかない。

法律が被災者に与えるのは、補償金や物品だけではない。チェルノブイリ法は被災者の「ステータス（資格）」という考え方、何世代にもわたる未知の被害を考慮した「権利」という価値観を社会に浸透させた。

チェルノブイリ被災者たちにとっては、すでに前提となった、当たり前のことである。でも、彼らは、この価値観にどれだけ救われていることだろうか。この法律のおかげで、どれだけ率直に本音を語ることができているだろうか。

ウクライナの人々は、自分の抱える健康上の問題、自分の子どもたちの病気の話も、無理に隠すことなく語る。悲痛な声である。その声に十分に国が応えているともいえない。しかし声を出すことについて、法律の後押しがある。「根拠のないヒステリー」、「風評被害を助長する」と地域社会から批判されることはない。国が認めた「被災者」であり、健康被害を訴え支援を求めることは権利なのだ。

第3ゾーンの人々は「移住するかしないか」家族で話し合った。家族内の同意が得られないこともあった。しかし、「避難したい」という思いを口にすることをためらう必要はなかった。被災者の当然の権利として、避難の選択肢を話し合うことができた。

その地域が「被災地」であることも、法律によって共通理解となっている。チェルノブイリ法では汚染地域認定を見直すには州議会の承認が必要である。その規定が、汚染地域認定を取り消すことを阻んできた。ウクライナでは州知事は大統領の任命制であり、日本の都道府県よりも、中央の意向を反映しやすい。にもかかわらず、各州は被災地認定の取り消しを求めてこなかった。地域の住民が望まなかったためだ。

被災地域認定が外れたところで、いまさら取り消される補償金は、一人一人にとって大した金額ではない。むしろ「この地域が被害を受けた」という事実を、社会で共有することが重要なのである。

パシンスカヤさんの言葉をもう一度思い出してほしい。補償金が減額され、支援が縮小され、法律の約束が守られていないことを、彼女は身をもって知っている。それでも、世代が替わり事故の問題意識が薄れたあともなお、「被災者」であることを認め、保護してくれるのは法律だけだという。

私は、法律だけが保護してくれると思っています。人の記憶は短いものですから。法律ができて20年以上が過ぎました。当時生まれたばかりの人は、すでに20歳を過ぎました。この人たちはチェルノブイリ事故について何も覚えていません。ですが、法律は存在しています。法律だけです。人々が自分の権利を知るために必要です。これだけが私たちを助けてくれます。

5　ウクライナからの言葉にどうこたえるのか

被災者の人々を置き去りにして、何事もなかった、すべて正常だということはできません。日本人はきっとそんなことはしないでしょう。われわれは、ソ連時代共産党体制の圧力をかけられている中で法律を通しましたし、ましてや日本人は彼らを置き去りにはしないと思っています。（ヤボリフスキーさん）

日本の科学は非常に高いレベルにあります。技術者もとても責任感があります。日本人はもともと責任感が強い民族だと思います。（バリヤフテルさん）

ウクライナの人々は、原発事故の重みを知っている。日本は、チェルノブイリの痛みに苦しむ自分たちを支援してくれた。彼らにとって、日本は勤勉で開かれた「良い国」なのだ。その日本が、ソ連のように情報を隠したり、被災者を置き去りにするはずはない。

そんな日本への信頼に満ちた言葉に、私たちはどんな言葉を返せるのか。

ウクライナ初代大統領クラフチュクさんの言葉をもう一度繰り返したい。

最も複雑で、最も辛い状況でさまざまなことを選択しなければなりませんが、その時、中心には人間がいなければなりません。人間に対して人道的でなければなりません。人間が苦しんでいるのに、経済を考えて助けないということは、どうやっても正当化することはできません。人間は、そもそも社会において保護されているべきです。そしてさらに、人が自分のせいではないのに辛い状況に陥ってしまったときには、この人は二重に保護されなければなりません。言葉や気持ちだけでなく、法律によってです。

福島第一原発事故から5年が過ぎようとしている。
「自分のせいではないのにつらい状況に陥ってしまった」人々がいる。
この人は保護されなければならない。言葉や気持ちだけでなく、法律によって。
その「法律」は、まだない。

（尾松）

おわりに

２０１４年から続くウクライナ東部の戦闘は膠着状態にある。解決の糸口を見いだせないまま、ウクライナ経済は破綻寸前である。ＥＵやロシアへの債務返済のめどはたっていない。

このような八方ふさがりの状況の中でチェルノブイリ法はどうなっていくのか。

２０１４年誕生したポロシェンコ大統領率いる新政権は２０１５年初め、ついにチェルノブイリ法見直しに手をつけた。

第４ゾーンの妊婦に保障されていた産前産後各90日間の休暇が無くなり、ほかの国民同様産前70日、産後56日になった。子どもと第2、第3カテゴリーの大人に対する、年に1回のサナトリウム旅行券配布が廃止になった。被災者たちはこれから様々な補償が削られていくのではないかという大きな不安を覚えている。

民主化、生活向上を求める市民の集会から大規模な戦闘にまで及んだウクライナの混乱は今、原発事故被災者という社会的に弱い立場の人たちの補償削減という皮肉な結果を招いている。

２０１６年、ウクライナはチェルノブイリ事故から30年を迎える。ウクライナ政府は、この間必死で原発事故と向き合い続けてきた。そして今も200万人以上の人が被災者と認定されて存在している。

ウクライナがたどった苦い経験は、私たちがこれから進む道である。

福島の30年後を想像してみる。

果たして、その時日本は被災者と真正面から向き合っているだろうか。法律は原発被災者を忘れないという国家の思いを形にしたものである。私たちはそのような法律を作り上げることができているだろうか。

原発再稼動が進む今、国家はそれが引きおこすすべての事態に責任を持つ覚悟があるのだろうか。その国家の責任を問い続けていくことは、私たちの責任である。

最後に本書の出版に際し、お世話になった方々にお礼を申し上げたい。

ウクライナ取材を取り仕切っていただいたイーゴリ・ゲラシコ氏。本書の元となったテレビ番組の制作に尽力していただいた増田秀樹プロデューサー、山口智也ディレクター、編集の吉岡雅春氏。粘り強く本の完成まで導いていただいた東洋書店新社の岩田悟氏、私の不得手なパソコン作業を手助けしてくれた馬場尚子、葉子。そして私のチェルノブイリ取材記に加えて、本書をこれからの行政担当者にも実際に役立つ専門的な深みに達するまで調査、記述していただいた尾松亮氏に深く感謝したい。

原発事故が二度と繰り返されることのない、原発ゼロの日の到来を心から願って。

2015年12月

馬場朝子

「チェルノブイリ法」に書き込まれた「人権」の思想、これから生まれる子どもたちへの責務という考え方、これは21世紀に引き継がれるべき「導きのことば」であると思う。

ウクライナをはじめユーラシアの歴史は、度重なる飢饉、他民族からの蹂躙、専制や全体主義による重圧の繰り返しである。「権利」などという意識さえなく、大切な命を奪われ続けてきた。その人々が、紡ぎ出した「生き残りの知恵」が、この法律の一つ一つの条文に込められているように感じる。

本書でも見たとおり、この法律は25年の運用の中で、当初の理念通りにいっていないことが多い。しかし、間違いなく原子力リスクと向き合わざるを得ない21世紀に、この法律がもつ「可能性」、世界への「メッセージ」としての力を無視して欲しくない。

「チェルノブイリ法」は本当に「うまくいっていない」のか？

確かに、支援や補償が切り詰められていくことに、被災者は不満の声を上げている。しかしウクライナでは事故から30年、直接の被害者の子ども、孫の世代まで「法」が定める健康診断を続けている。受診率は高く、甲状腺がん以外の症状にも原発事故被害認定がなされている。世界に数多い公害や産業災害で、他にこのような例があるだろうか。

経済危機や内乱に見舞われたウクライナで、むしろ奇跡的に継続されている法律なのではないか。それを支えてきたのが、建国の父たちの「被害者が見捨てられることがあってはならない」という考え方だ。

度重なる政変の中で、その約束は顧みられなくなり、小手先の運用で削減されてきた。事故後30年を迎え、チェルノブイリ法はいやがおうにも改正されていく。「建国の理念」である「被害者の国家による保護」の約束にしがみつくことをやめるとき、この国の政治指導者たちはどうやって国民の一体感や、信頼を取り戻すのか。それは難しい舵取りである。

福島第一原発事故後5年を迎える。チェルノブイリ法が成立したのも事故5年後。日本でも、一つの県に限らない健康診断の体制、収束作業者保護法、平時の放射線基準の再確立など、もう一度チェルノブイリ法を参考に議論すべき時だ。

日本でこの法律の紹介者として働けたことを誇りに思う。無名の研究者であった私の調査を、経験豊かな先輩ジャーナリスト、先輩研究者たちが活用してくれた。共著者の馬場朝子氏もその一人。自らの足で丹念にアーカイブをめぐり、歴史的人物にインタビューで切り込む執念に、この地を取材する経験の力を見せつけられた。クラフチュク初代大統領の「ことば」を日本に伝えてくれたことに感謝したい。そして、著者間の議論、文章スタイルの差も調整し、この本をまとめ上げた編集者岩田悟氏の人柄と力に支えられた。

最後に息子の「はるま」へ。あなたの声を聞いたとき、はじめて「生きていたい」と思った。命の意味や「子ども」という言葉の意味を知った。この命が不明なリスクにさらされる無念が想像できた。何も知らなかったことを知った。生まれてくれて有り難う。

２０１５年12月

尾松亮

馬場　朝子（ばば　ともこ）
モスクワ国立大学文学部卒業後、NHKに入局。ディレクターとして番組制作に従事。「スターリン　家族の悲劇」「ロシアからみた日露戦争」「トルストイの家出」などロシアドキュメンタリー30本以上を制作。2011年NHK退職、現在フリーTVディレクター。
著書に『タルコフスキー』（青土社、1997年）、『低線量汚染地域からの報告』（共著、NHK出版、2012年）など。

尾松　亮（おまつ　りょう）
東京大学大学院人文社会系研究科修士課程修了。平成16～19年、文部科学省長期留学生派遣制度により、モスクワ国立大学に留学。通信社、民間シンクタンクに勤務。チェルノブイリ被災者保護制度の紹介と政策提言に取り組む。2012年には政府のワーキングチームで「子ども・被災者支援法」の策定に向けた作業に参加。
著書に『3・11とチェルノブイリ法』（東洋書店、2011年初版。2016年東洋書店新社より再刊）など。

原発事故　国家はどう責任を負ったか
ウクライナとチェルノブイリ法

2016年3月11日　初版第1刷発行

著者　馬場朝子　尾松亮
発行者　揖斐憲
発行　東洋書店新社
〒150-0043　東京都渋谷区道玄坂1丁目19番11号　寿道玄坂ビル4階
TEL 03-6416-0170 FAX 03-3461-7141
発売　垣内出版株式会社
〒158-0098　東京都世田谷区上用賀6丁目16番17号
TEL 03-3428-7623 FAX 03-3428-7625
印刷・製本　中央精版印刷株式会社
装丁・本文デザイン　クリエイティブ・コンセプト

ISBN978-4-7734-2000-5